はなしシリーズ

生活を楽しむ面白実験工房

酒井 弥 著

技報堂出版

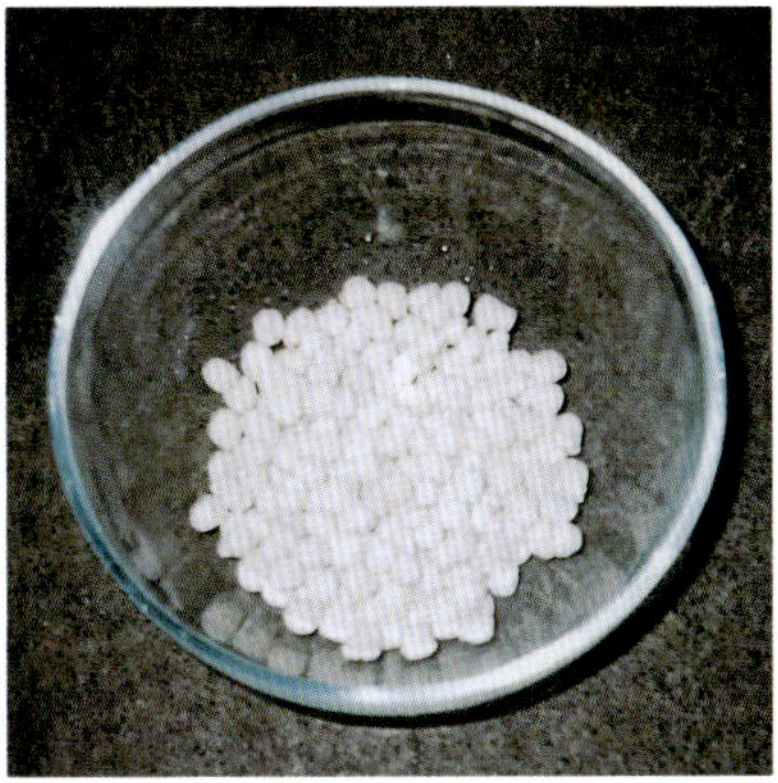

口絵1　ビーズ状梱包剤。クッション剤にもなる

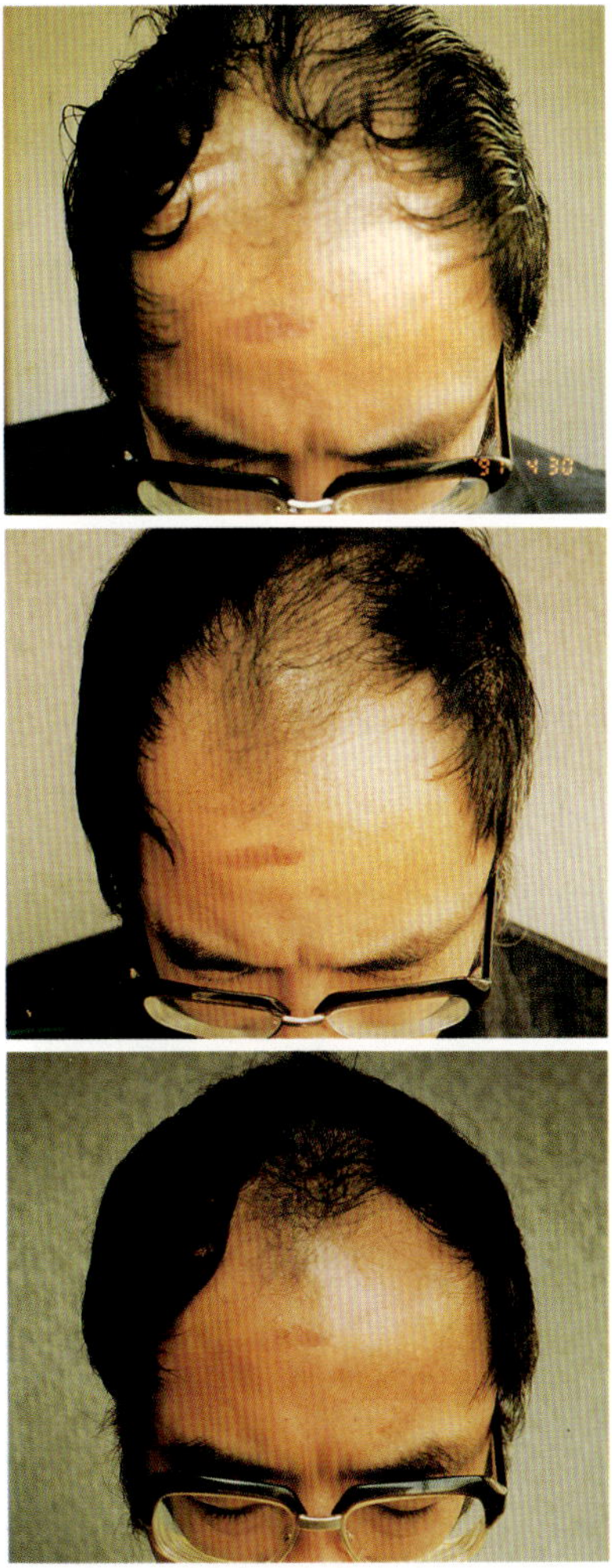

口絵2　米ぬか養毛剤。人でのテスト例。使用直後(上)、20日後(中)、40日後(下)

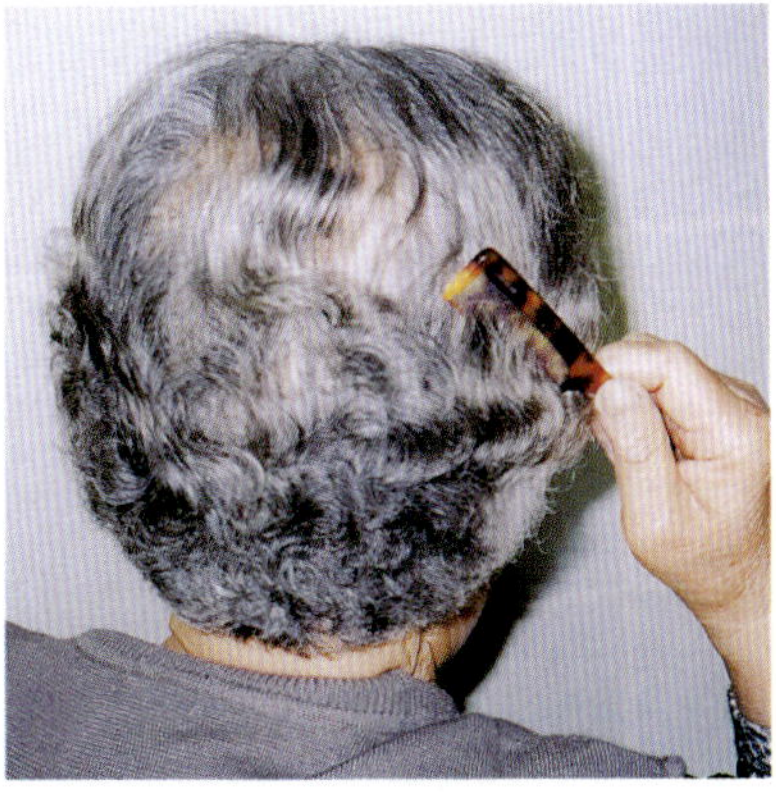

口絵3　植物性の染毛剤

口絵 5　卵からつくれる人工象牙

口絵 4　ビールの泡から人工べっこう

口絵 6　簡単手づくり虹色チョーク

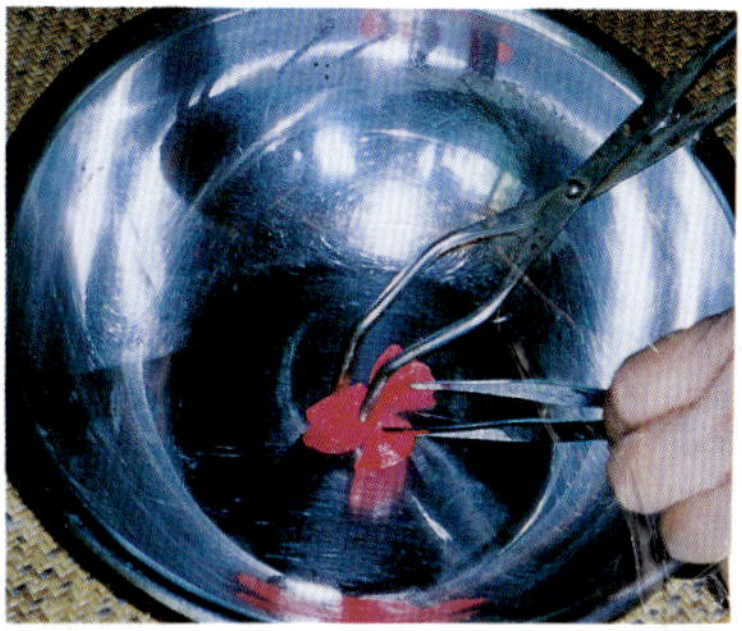

口絵 7　ガスバーナーでつくる色ガラス

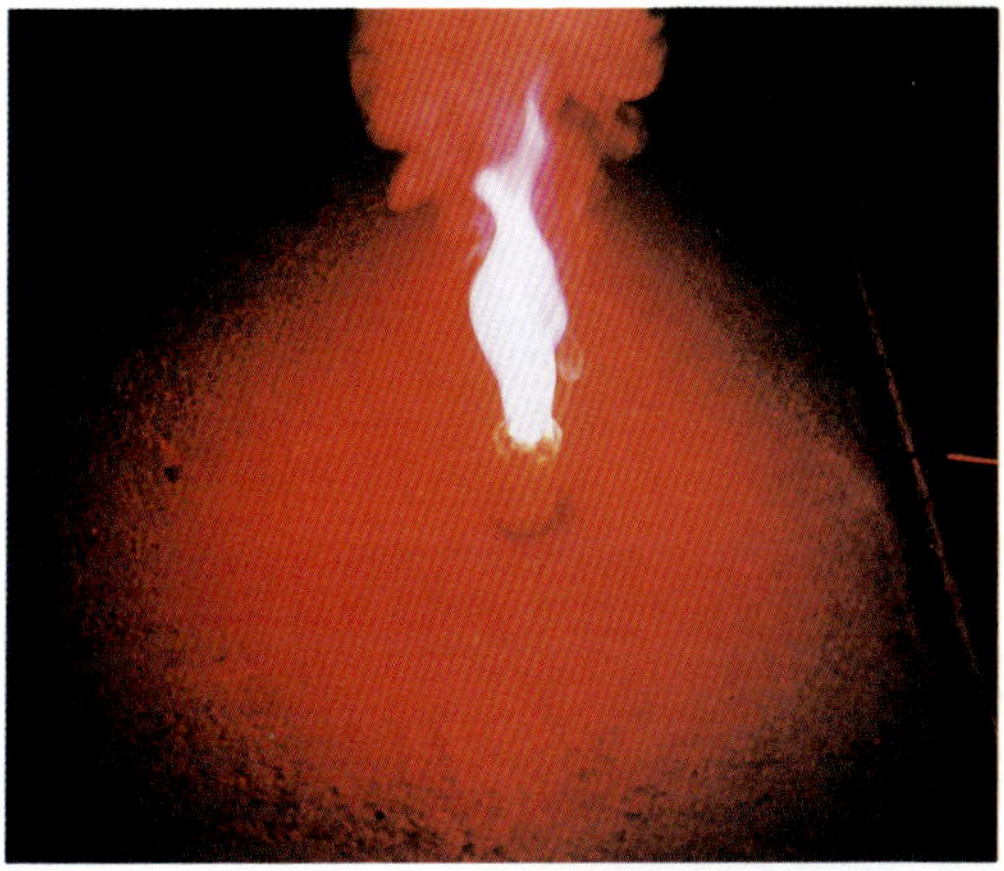

口絵 8　フィルムケースでつくる発煙筒

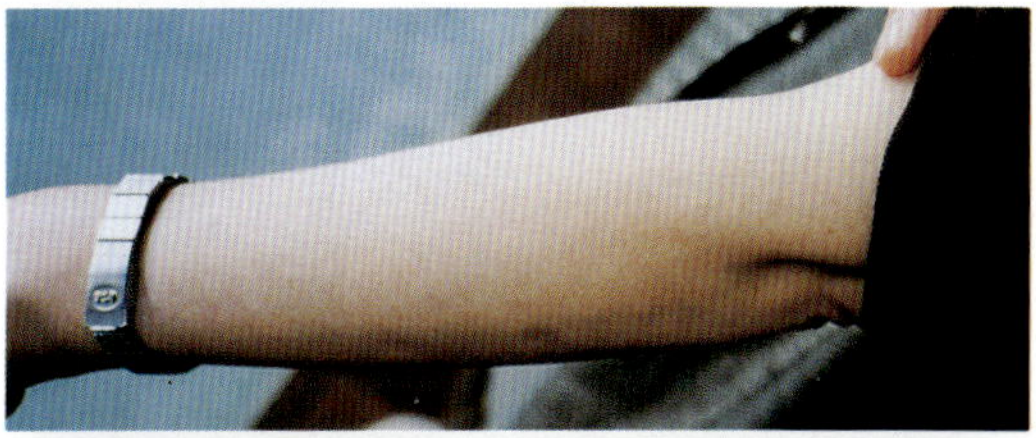

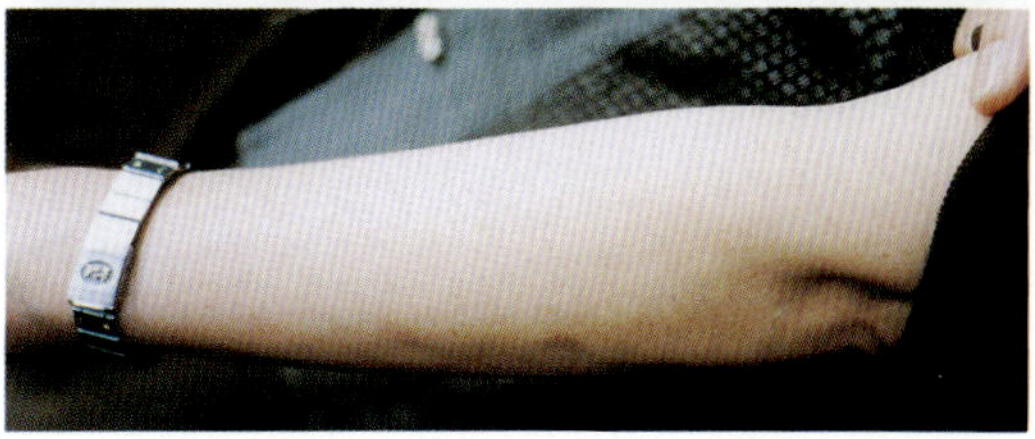

口絵 9　酒粕からつくる美肌クリームで美白。使用前(上)、使用後(下)

口絵 10　乾燥茶葉を利用した食品鮮度保持剤。ニンジンの鮮度変化（上段右、65 日目、茶出し殻入り〔左〕、活性炭入り〔右〕）、ピーマンの鮮度変化（上段左、40 日目、茶出し殻入り〔左〕、活性炭入り〔右〕）、トマトの鮮度変化（下段、30 日目、茶出し殻入り〔左〕、活性炭入り〔右〕）。室温平均 22 ℃

口絵 11　無電解メッキ。金ヒドロゾル液（上段左）を使って金メッキをほどこした木の葉と紙

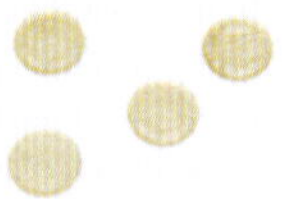

口絵 12　金アマルガムを使って金メッキをほどこした銅コイン

まえがき

科学的知識や原理の普及を目的として、また、多くの人にものづくりの楽しさを知ってもらおうと、中学生から主婦までの広い階層の人たちと一緒に実験工房を始めてから一〇年近くになる。参加者の年齢や学歴もまちまちで、ものの考え方、発想の方法、知恵、工夫などどれをとっても多様性に満ち溢れ、喧々諤々の連続ではあったが誠に魅力的で楽しい日々であった。

本書で紹介した各種の実験は、すべてこの工房で実際に試み、工夫や知恵を出し合って成り立ったものばかりである。基本的な原理や知識を理解したうえで、それから先は各自の創意工夫にまかせたつもりである。また、実験の対象も、生活に密着したものがほとんどで、かつ、多様性にとんでいるのも当工房の特徴である。読者の方々が本書を参考にされ、ものづくりの楽しさを実感されると同時に、試作品が日常生活に潤いを与えてくれることを願っている。

読者の実験の便を図るため、実験材料・器具はできるだけ身の回りのもので代用できるものを選んだ。また、薬品その他について、その購入方法を付記しておいた。実験の安全性についても十分に考慮したつもりであるが、薬品の中には取扱いに十分注意が必要なものもある。できれば、化学的な知識を持った指導者の下で、実験を楽しんでいただくことをおすすめしたい。

本書が完成したのは一に技報堂出版㈱編集部の城間美保子嬢の卓越した編集力に負うところが大である。城間嬢の綿密な観察力は驚嘆の一言につきる。この場をかりて御礼申し上げたい。編集部長の小巻慎氏にもご尽力いただいたことを感謝している。

二〇〇一年九月

酒井　弥

もくじ

「生活を楽しむ面白実験工房」

梱包用緩衝剤をつくる
～食品用発泡トレイの有効利用～

社会問題となっている散乱ゴミの一つに食品用トレイがある。トレイの材料は発泡スチレンで、多くの利点をもっている。大量生産が可能で安く、軽いこと、さらに耐水性があり清潔感があり、これほど多用されているものはない。

しかし、使い終わった発泡スチレンのトレイは、焼却するか、不燃ゴミとして埋立て処理するしかない。燃やすと黒煙が出るし、熱で溶かすのは効率が悪い。

発泡スチレンの生産量は、全国で年間約二〇万トンである。そのうち七万トンが家電製品、精密器具、瀬戸物などの梱包クッション剤として使われ、残りの大部分がトレイとして使用される。他は、生魚の保冷運搬箱などとして普及している。それらを洗浄して再利用するのは、流通コストや衛生面からも不可能に近い。スーパーなどではトレイを回収して、原料の一部として再利用しているが、採算面では赤字である。また、消費者からすれば気づけば持って行くが、忘れてしまうこともあるし、かさばって面倒が多いことも事実である。

発泡スチレンがベンゼン系溶媒によく溶けることは知られている。これらの溶媒に溶かせば体積は二〇分の一になりかさばるトレイを処分するのに便利であるが、ベンゼン系溶媒はどれも有害で、引火しやすく、取扱いが危険である。ベンゼン、トルエン、キシレンおよびその誘導体で液体状のものは、同じように有害で引火性が強い。

トレイを溶かし、しかも無害で引火性の小さいものとして精油がある。精油は、種々の植物から得られる特有の芳香を有する揮発性の油である。精油は高級不飽和アルコールで、香料工業で広く使用され、価格的にも安い。精油の代表的なものには、バラ油、ラベンダー油、ゲラニウム油、ユーカリ油などがある。成分的には、バラ油にはシトロネロール、ゲラニウム油にはゲラニオール、ラベンダー油にはリナロールが多く含まれており、発泡スチレンを素材とするトレイとは構造的に似通っている。したがって相溶性がある。

〈発泡スチレンから梱包用緩衝剤をつくる実験〉

材料：食品用発泡トレイ（五個、一〇×一五センチメートルくらいのもの）、各種精油混合物（バラ油（一・五グラム）、ラベンダー油（〇・五グラム）、ゲラニウム油（〇・

五グラム）〕、ステンレス鍋、菜箸（かき混ぜるもの）、手動ミキサー（撹拌できるもの）

精油は雑貨店、スーパーなどで購入可能。

(1)発泡トレイを細かく割ってステンレス鍋に入れる。
(2)(1)に精油の混合物を加える。精油でなくても、ミカンやレモンの絞り汁でもよい。
(3)精油がかかった部分からトレイはみるみるうちに溶けていくので、適当な棒で撹拌する。全体が淡黄色の粘調性の液体になる。
(4)(3)の液を撹拌しながらゆっくりと九〇℃で加熱すると、精油は少しずつ蒸発して糊状になる。
(5)精油の香りがなくなったら、そのまま撹拌しながら温度を徐々に下げていく。手動ミキサーなどで激しく撹拌を続けると、室温に近づくにつれ糊状物質は硬化し、ビーズ状の淡黄色の軽い固体になる。

得られたものは、原料のポリスチレンで、比重は発泡前と発泡後の中間である（表2）。ポリスチレンの比重が変化するのは、内部に含まれる空気の量、すなわち空洞の多少によ

表 1　液状トレイの処理

加熱温度	90 ℃
加熱時間	5 分
撹拌時間	20 分
放冷時間	1 時間
形　　状	淡黄色ビーズ状

表 2　物性の比較

	処理前	処理後
比　重	0.35	0.85
引張り強さ　(kg/cm²)	30	150
衝撃強さ　(kgf•m)	0.0015	0.030
吸水率 24 時間　(%)	0.05	0.1
耐熱温度　(℃)	80	85

るためである。空洞が多ければ軽い発泡スチレン、少なければ固いスチレン樹脂となる。

撹拌の度合いにより、形状、大きさは自由に調節でき、そのまま梱包用クッション（緩衝剤）として利用できる。また、発泡させれば再び発泡スチレンに戻る。

精油を使う利点は、安全性のほかに、品質の良いポリスチレンが回収できることである。ゴミになるしかなかったトレイが、均一な大きさのクッション剤としてリサイクルできる。

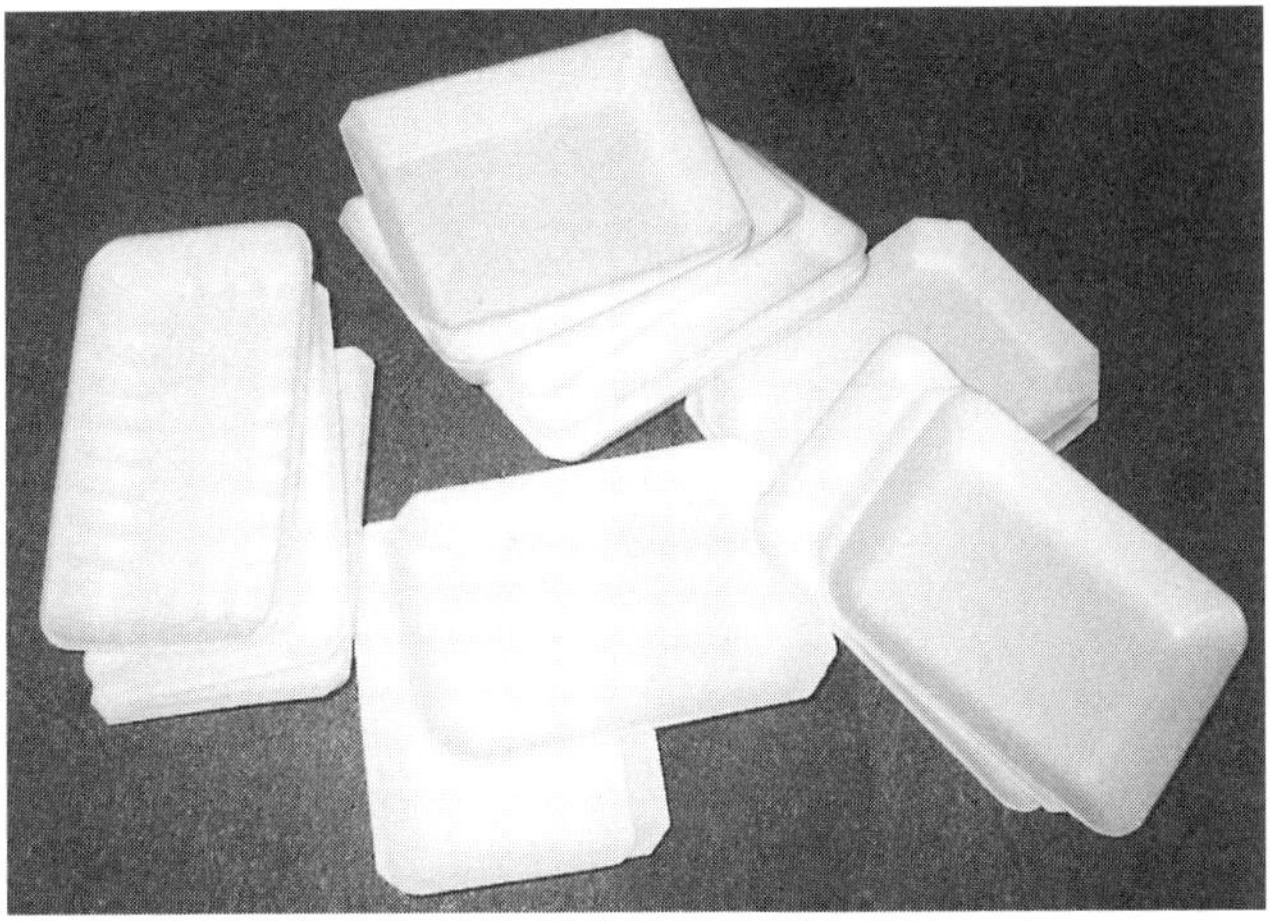

写真１　回収トレイ

写真２　細かく割った発泡トレイを加温しながら撹拌する

発ガン物質を吸着する煙草フィルター
～乾燥ヨモギ粉末の吸着力を利用～

煙草は「毒物の缶詰」だと言った人がいる。煙草の煙には全部で約一、五〇〇種類の化学物質が含まれているが、実はこのうち少なくとも一〇〇種類は有害物質であることがわかっている（表3）。このことが煙草を「毒物の缶詰」という所以《ゆえん》である。缶詰の蓋を開ける、つまり煙草に火を付けると毒物の煙が出てくる。言い得て妙である。外国のある煙草の箱には「喫煙により誘発される肺ガンの死亡者数は、交通事故による死亡者数を超えています」とか「ガンの危険性増大。喫煙により肺、口腔、食道、咽喉、膀胱などのガンの危険性が増大します」などと明記されている。

これら有害で発ガン性のある煙草の煙を単純なフィルターで取り去るのは、ほとんど不可能である。現在、煙草に使用されているフィルターは、活性炭と中空糸膜を応用したものが主流である。活性炭の役割は、吸着力と表面での化学物質との反応結合力である。中空糸膜はその名のとおり、中空になったマカロニ状の糸の集まりで、一本の糸の直径は

表 3　タバコの煙の成分

物質名	性質
ジメチルニトロソアミン	発ガン性
シエチルニトロソアミン	発ガン性
ニトロソピロリジン	発ガン性
ホルムアルデヒド	発ガン促進性
シアン化水素	繊毛細胞傷害性
アセトアルデヒド	繊毛細胞傷害性
ベンゾピレン	発ガン性
ジベンゾアクリジン	発ガン性
メチルインドール類	発ガン促進性
N-ニトロソノルニコチン	発ガン性
β-ナフチルアミン	膀胱発ガン性
カドミウム化合物	発ガン性
ヒ素化合物	発ガン性
ポロニウム210	発ガン性

〇・四ミリメートル程度である。このマカロニのパイプ部分には、〇・〇一〜〇・一マイクロメートル（慣用的にミクロンという。一メートルの百万分の一）の穴があいており、圧力をかけると空気は通り抜けるが化学物質はこの微細な穴でろ過されることになる。

枯れて乾燥したヨモギの繊維は、この活性炭と中空糸膜の両方の能力をもっており、予想以上の効果を発揮する。

植物の中でも枯れヨモギが煙の有害物質の除去に有効なのは、吸着・吸収の役割をするタンパク質、灰分、無機分が多いためである。繊維分は、中空糸膜と同じように有機物をろ過する。植物繊維の繊毛が有効に働いているためである（表4）。

〈乾燥ヨモギから煙草フィルターをつくる実験〉

材料：ヨモギ（適量）、煙草（一本）、脱脂綿（適量）、乳鉢（一個）

ヨモギは山で採取するかスーパーなどで購入。乳鉢がなければ、細かくすりつぶせるものであれば何でもよい。

(1) 枯れたヨモギを乾燥し粉砕して乳鉢で微粉末にする。

(2) (1)を煙草フィルター部分に楊枝、ピンセットなどで詰める。

(3) 両端を軽く脱脂綿などで押さえる。

これだけで、発ガン物質を吸着除去する煙草フィルターができあがる。ガスクロマトグラフィー（気体の成分などを調べるのに有効な分析方法の一つ）でヨモギフィルターを通した煙の成分と市販のままでのフィ

表 4　枯ヨモギの成分（100 g 当り）

成　分	含有量	成　分	含有量
水　分	12.0 g	銅	0.5 g
タンパク質	32.5 g	ビタミンC	15.0 mg
脂　質	0.8 g	アスパラギン酸	5 500 mg
糖　質	2.5 g	グルタミン酸	9 500 mg
繊　維	28.5 g	イソロイシン	1 800 mg
灰　分	22.0 g	フェニルアラニン	1 700 mg
カルシウム	1.0 g	リノール酸類	350 mg
鉄	0.01 g	パルチミン酸	120 mg
亜　鉛	1.0 g	ステアリン酸	100 mg

ルターからの煙とを比較すると、前者が数倍も優れている。すなわち、発ガン物質を吸着できていることがわかった（表3、表5）。市販のままのフィルターでは、発ガン性のあるニトロソアミン類や発ガン促進性のナフタレン類、ニコチンなどはほとんど吸着されない。乾燥ヨモギ粉末フィルターでは、ニトロソアミン類やアンモニア類、カテコール類、ニッケル化合物はまったく検出されず、わずかにニコチンやナフタレン類、ウレタンが検出されただけである。

煙草という植物を燃やした煙中の成分を、同じ植物のヨモギが吸着してくれる。これが植物細胞の摩訶《まか》不思議なところである。さらにヨモギフィルターの良い点は、煙草本来の香りや味に変化を起こさないところである。これもヨモギフィルターのやさしい吸着性のおかげと思われる。人工物でなく植物のため、結果的に香りや味のバランスを保って吸着するのであろう。

表5　ヨモギフィルターを通過した後の煙の成分

物質名	分析	物質名	分析
ジメチルニトロソアミン	検出せず	ジベンゾアクリジン	検出せず
ジエチルニトロソアミン	検出せず	メチルインドール類	検出せず
ニトロソピロリジン	検出せず	*N*-ニトロソノルニコチン	検出せず
ホルムアルデヒド	検出せず	β-ナフチルアミン	検出せず
シアン化水素	検出せず	カドミウム化合物	検出せず
アセトアルデヒド	検出せず	ヒ素化合物	微量
ベンゾピレン	検出せず	ポロニウム210	微量

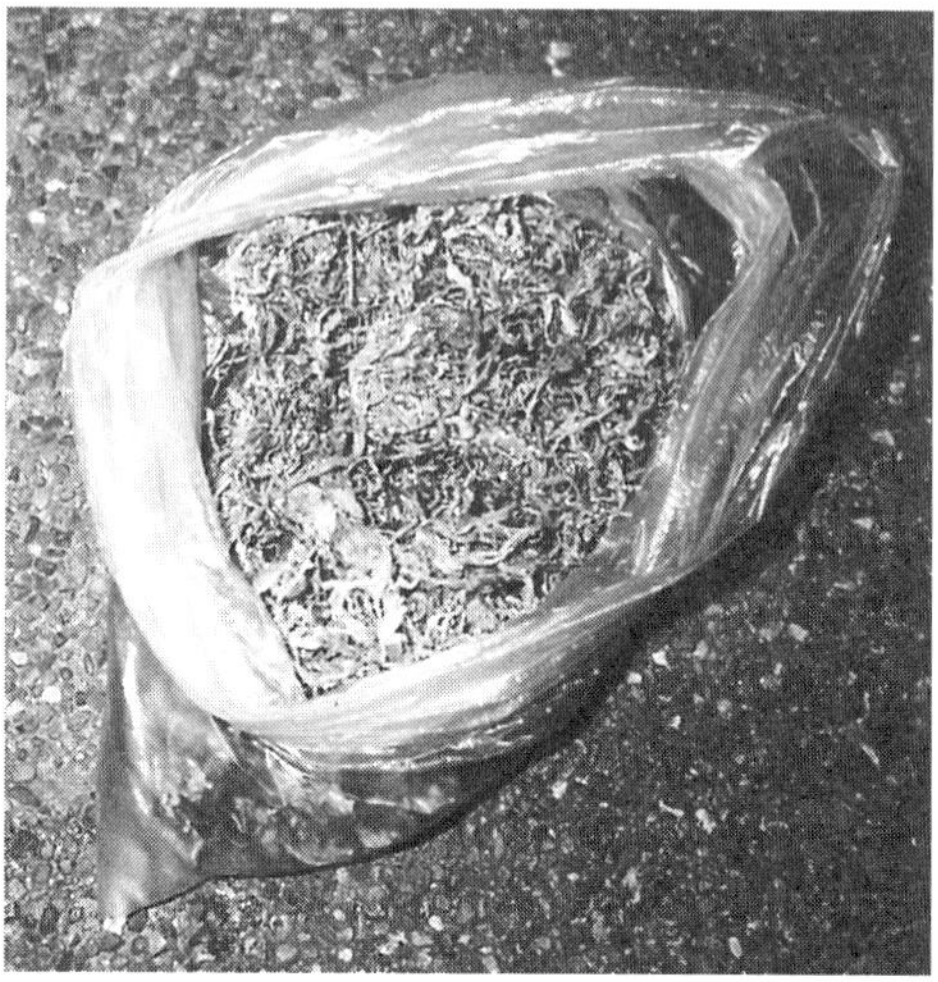

写真3　乾燥したヨモギ

写真4　煙草フィルターに付ける

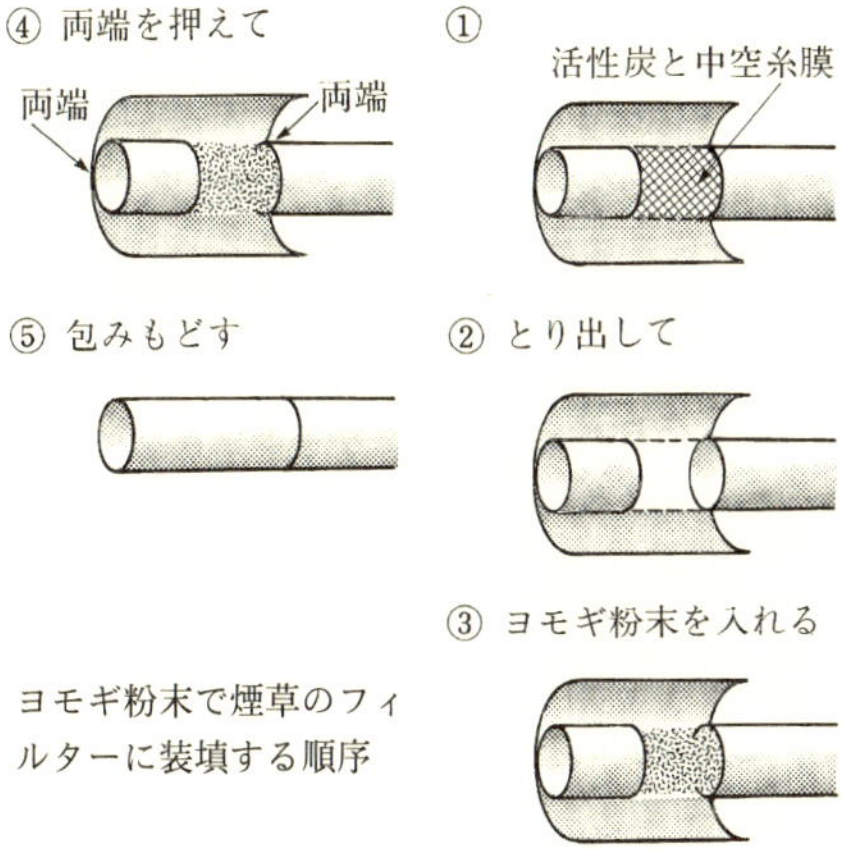

図1　ヨモギ粉末で煙草のフィルターに装填する順序

表 6　ヨモギフィルターの官能テスト結果

被験者＼回	1	2	3	4
男・56才	B	A	B	C
男・35才	C	B	A	B
女・29才	B	A	B	C
女・36才	C	D	D	C
男・25才	C	B	B	A

A：本来の香りがある。
B：多少良い。
C：かわらない。
D：悪くてまずくなった。

米ぬかから養毛剤をつくる
～米ぬか発酵液で毛根を活性化～

最近、若者でも頭髪の薄い人が多い。また、どちらかというと東洋人より西洋人に頭髪の少ない人が多いという。これは、遺伝的要因もあるが、生活環境、食生活に起因しているところが大きい。

肉食は抜け毛の原因の一つである。食物と頭髪の関係を調べるため、約三〇種の食物を酵素分解し(体内で消化するのと同じ作用)、その成分を調べ、ウサギにその分解物を塗って養毛効果を調べた。穀物から野菜、魚類、芋類、果実類、乳類、さらに養毛に一番良いと考えられている海草類まで、酵素分解してウサギに塗布して調べた結果では、米ぬか(成分を表7に示す)が一番効果があった。養毛に良いと思われていた海草類は、効果が見られなかった。

米ぬかを酵素分解したものの成分を分析すると、脂肪酸、含硫アミノ酸などがほかの食品に比べてとくに多いことがわかった(表8)。肉類の酵素分解物中にはそれらがほとんど

表 7　米ぬかの成分（100 g 中）

タンパク質	14.0 g
脂　質	17.5 g
糖　分	36.3 g
繊　維	8.3 g
無機質	9.2 g
カルシウム	50 mg
リ　ン	1 400 mg
鉄	7 mg
ナトリウム	5 mg
カリウム	1 500 mg
レチノール	1 μg
ビタミンA	1 IU
ビタミンB_1	3 mg
ビタミンB_2	1 mg
ナイアシン	30 mg
ビタミンC	2 mg
飽和脂肪酸	25 %
不飽和脂肪酸	75 %
含硫アミノ酸	1 980 mg
芳香族アミノ酸	1 210 mg
マグネシウム	150 mg

表 8　米ぬかの酵素分解成分（100 g 中）

パルミチン酸	25.0 mg
オレイン酸	45.0 mg
リノール酸	48.5 mg
リグノセリン酸	5.5 mg
リノレン酸	1.5 mg
アルギニン	650 mg
グルタミン酸	710 mg
イソロイシン	650 mg
フェニルアラニン	370 mg
バリン	520 mg
プリン類	180 mg
ビタミンE	1 500 μg

見つからなかったので、どうもその成分に養毛作用があると思われる。そう考えれば、穀類が主食の東洋人に頭髪の薄い人が少なく、肉食の西洋人に多いといわれること、また、食生活の西洋化（肉食が多くなった）で、若いうちから頭髪の薄い人が増えたことも、もちろんすべてのケースがこれにあてはまるわけではないが、要因の一つと理解できる。

米ぬかと同じように効果があるものとしては、小麦胚芽、ふすま、そば玄穀、ひえ玄穀、きな粉などがあるが、やはり米ぬかの酵素分解物の方が圧倒的に有効である。

〈米ぬかから養毛剤をつくる実験〉

材料：米ぬか（二五〇グラム）、精製水（一リットル）、米コウジ（〇・五〜一グラム、緑色のが良い）、重曹（二・五グラム）、鍋、スプーン（消毒したもの）、発酵用ガラス容器（蓋付き、消毒したもの）、コーヒーフィルター、温度計、保存用ビン（消毒したもの）

精製水、重曹は薬局などで購入可能。

(1)鍋に水と米ぬかを入れ、数分間煮沸して雑菌を殺す。

(2)四〇℃まで冷まし、米コウジと重曹を加える。この時に蓋は全開せず、消毒したスプーンで素早く入れる。また、しゃべると雑菌が混入しやすくなるので静かに行う。

(3)四〇℃前後に温めた煮沸済みの発酵用ガラス容器に移す。

(4)(3)を四〇℃で二四時間保温する。冬であればコタツの中でよい。また、ポットの中に入れてもできる。米コウジが、米ぬかの成分のタンパク質や脂肪や炭水化物を分解するのである。保温後、混合物は透明でかすかにコウジのリンゴに似た良い香りがする。もし、腐敗臭がしたら雑菌が入ったということで失敗である。

(5) (4)の良い香りのする液をコーヒーフィルターで、保存用のビンにろ過すると紅茶のような薄茶色の液体が得られる。

(6)腐敗を防ぐため、三五％のホワイトリカーを四分の一程度加えるか、冷蔵庫で保存する。

米ぬか分解物は、朝晩頭皮に付けてマッサージする。その後でシャンプーしても、シャンプーに入れて使用してもよい。数日で抜け毛が少なくなり、一カ月後に床屋に行くと驚くという実例が多い。これまで数百人のモニターでまったく効果のでなかった人はいない。しかし、養毛作用は、中断するとまた初めからというこ

写真５　精製した米ぬか

写真６　酵素分解した米ぬか

写真７　ろ過してできあがり

とになる。少なくとも数カ月は続けることが必要である。自分自身でつくって試してみるといっそう興味がわき、長続きするであろう。米ぬかが原料なので副作用の心配はない。ただし、アレルギー体質の方や頭皮に傷や湿疹等のある方は医師の指示に従っていただきたい。

オーデコロンをつくる

香水とは、一言でいえば、「天然の動植物性香料ないし人工香料を配合し、アルコールに溶解して、必要に応じてこれに着色したもの」といえる。香水の種類は枚挙にいとまがないが、その中でも天然に存在する花の香りをそのまま取り入れたものが一般的である。たとえばローズ香水、ジャスミン香水、オレンジ香水、バイオレット香水などは天然の花の香りをそれぞれ基本にしている。

香水の中でも香料(エキス)の濃度が低く、四~五%のものはローションと呼ばれ、ハンカチ、手ぬぐいにふりかけたり、調髪剤、床磨き剤などに混入されるなど、用途は広い。ローションのつくり方は、香水と同じで、アルコールと香料の混合比が違うだけである。トイレットウォーターもローションと同じだが、さらに濃度が低く水分も含んでいる。これは浴室、居間、病室などで使用され、その香りにより、ラベンダーウォーター、バイオレットウォーター、ローズウォーターなどの名称で販売されている。この中で最も名が知られているのがオーデコロンである。

オーデコロンは「ケルンの水」の意味で、一七〇九年フランスのケルン市でG. M. Farinaが創製し、初めて世に出た。オーデコロンの最も重要な成分はネロリ油で、このほかレモン油、ベルガモット油、ローズマリー油などを配合する。初めて世に紹介されたオーデコロンは、ワインを蒸留して得られたアルコールにこれらの香油を配合したものであった。それが不思議にもワインのアルコールによく調和して、実にふくよかな香気を発した。現在でも、最高級のオーデコロンはワイン蒸留のアルコールに最高品質のネロリ油、レモン油、ベルガモット油、ローズマリー油などを配合している。しかし一般に販売されているオーデコロンは、普通の精製アルコールに前述の香油のほか、ラベンダー油、麝香《じゃこう》などを混合して溶解したものである。その一例は、表9に示

表 9　オーデコロンの配合

成　分	ネロリ油	レモン油	ベルガモット油	ローズマリー油	精製水	精製アルコール
分　量 (mL)	1.0	1.5	1.0	0.5	35	200

表 10　フロリダウォーターの配合

成 分	ラベンダー油	桂皮油	ハッカ油	安息香酸チンキ	丁香油	ローズゲラニウム油	ベルガモット油	精製水	精製アルコール
分 量 (mL)	5.0	0.1	0.1	10.0	0.5	0.1	1.0	15.0	300

すような配分で、香油をアルコールに溶かして、これに水を加え容器に入れて密閉し冷暗所に数週間静置した後、ろ過して製品にする。

フロリダウォーターは、フロリダにおいて製造されたのでこの名が付いた。今日ではオーデコロン同様、各地に広まっている。フロリダウォーターの基本香料は、シトロン性香油とラベンダー系香油で、そのほかに丁香油、ハッカ油、ベルガモット油などが配合される（**表10**）。保留剤として、安息香酸チンキが加えられてアルコールに溶解して、さらに水を加え数カ月冷暗所に静置した後、ろ過して製品とする。

〈オーデコロンをつくる実験〉

材料：アルコール（二〇〇ミリリットル）、ネロリ油、レモン油、ベルガモット油、ローズマリー油の混合香油（四ミリリットル）、精製水（三五ミリリットル）、コーヒーフィルター、保存用ビン

アルコールは薬局で購入可能。

(1)アルコールに、香油、精製水を入れ、保存用ビンにろ過する。

(2)冷暗所で静置。肌に付ける際、傷や湿疹等ある方は医師の指示に従っていただきたい。

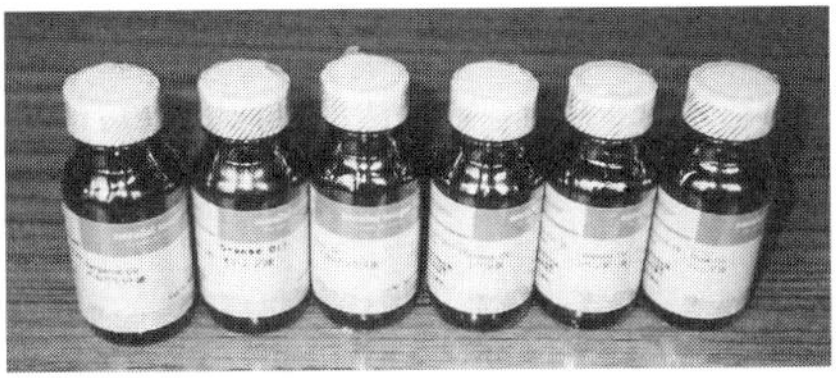

写真 8　香油のいろいろ

写真 9　香油をアルコールに溶かし精製水を加える

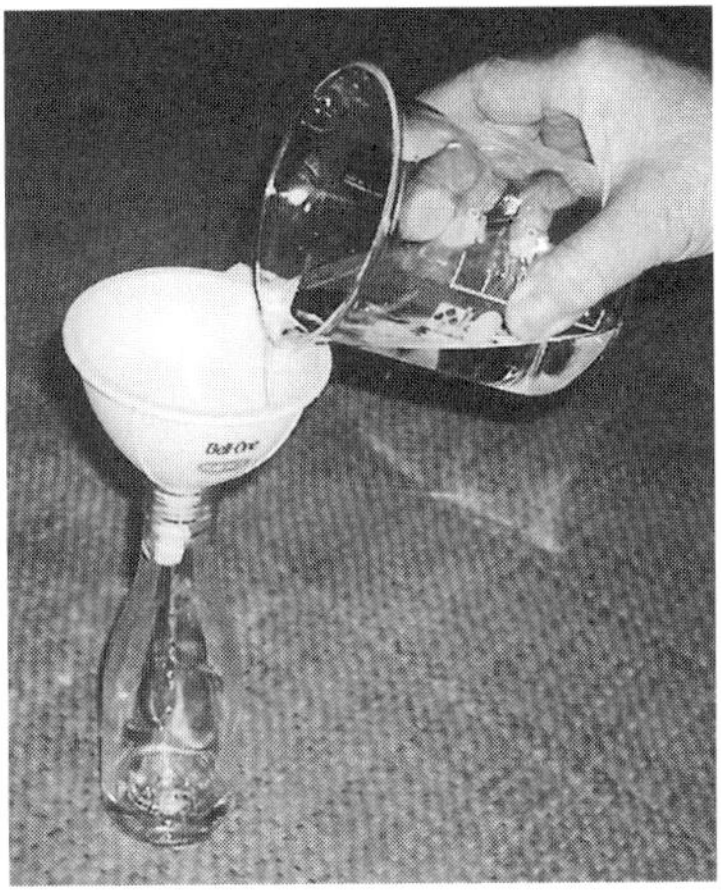

写真 10　ろ過し，ビンに入れ
静置。完成

いろいろな果汁から肌にやさしい天然化粧水をつくる

化粧水は、その中に含有している水分、グリセリン、脂肪酸類によって肌を柔軟に保ち、アルコール、そのほかの刺激剤によって皮膚を収斂《しゅうれん》して肌に緊張感を与え、また有効成分により肌に栄養分を与えて美しい状態に保つ。

果汁や浸出液を原料とした化粧水は、肌に栄養を与えるのが主目的である。また、日焼け防止やその手当てにも効果がある。

昔からヘチマ水やキュウリ水などは肌を美しくする化粧水として用いられてきた。ヘチマ水、キュウリ水などの浸出水溶液には、微量のタンパク質のほか、糖分、含水炭素、ペクチンなどの多糖類を含んでいて、これらが肌にとって栄養分となる。レモン水は、これ以外にクエン酸などの果汁酸が含まれ、肌を収斂し、そのうえ色白にする効果もある。ミカン、スイカ、キウイ、トマトなどの果汁にも同様な作用がある。

これらの果汁や植物浸出液を主成分として化粧水をつくる場合、皮膚をなめらかに保つため、蒸留水や精製水のほかに少量のグリセリンを加える。グリセリンの量は二〜三％が目安である。しかし、採取したヘチマ水などに精製水やグリセリンを加えておくと、時が経つにつれ沈殿を生じることがあるが、安息香酸ソーダを微量入れれば沈殿や白濁は防げる。また、アルコール（収斂剤《しゅうれんざい》）は使用してもごくわずかである。アルコール分が多いと、汁液中に含まれているタンパク質が凝固を起こし、保存中に白濁や沈殿を生じる原因となる。元来、ヘチマ水やキュウリ水は採取後、長く保存してからその上澄み液を使用しても差し支えはないが、腐敗することがある。腐敗防止には、少量のホウ酸などを入れる。配合は表11に示した。

〈レモン化粧水をつくる実験〉

材料：レモン汁（一五ミリリットル）、精製水（八〇ミリリットル）、グリセリン（二ミリリットル）、ホウ酸（〇・五グラム）、水溶性黄色色素（〇・

表 11　果汁化粧水の配合

化粧水 ＼ 成分（重量％）	果汁	精製水	グリセリン	アルコール	ホウ酸または安息香酸ソーダ	天然色素	天然香料
レモン水	15	80	2	2	0.5	0.3	0.2
ヘチマ水	97	—	2	—	0.5	0.3	0.2
キュウリ水	46	48	2	—	2	1	1
マルメロ水	—	95	2	1	1	0.5	0.5
トマト水	29	65	3	1	1	0.5	0.5
スイカ水	41	50	5	—	2	1	1

三グラム)、天然香料(〇・二グラム)、保存用ビン(消毒したもの)

グリセリン、ホウ酸は、薬局などで購入可能。水溶性黄色色素はスーパーで購入可能。

(1)レモン果汁、精製水、グリセリン、水溶性黄色色素、ホウ酸をよく混合する。レモン汁の中にはレモン油が含まれているが、これにベルガモット油を少量加えると香りが一段と良くなる。

(2)保存用ビンにろ過し、保存する。

(3)このレモン化粧水はサラサラした触感であるが、粘調なものをつくりたい時はトラガントゴム(薬局で注文すれば入手可)を微量加えるとよい。

〈ヘチマ水をつくる実験〉

材料:ヘチマ(約一二〇グラム)、ホウ酸(〇・五グラム)、グリセリン(二一ミリリットル)、香料〇・二一ミリリットル)、コーヒーフィルター、色素(〇・三グラム)、保存用ビン(消毒したもの)

(1)ヘチマ浸出液をつくる(ジューサーなどで圧搾するのが簡単)。

(2)ホウ酸を(1)に溶かす。

(3)香料とグリセリンを混ぜる。
(4)(2)と(3)を混合し数日放置する。
(5)(4)をコーヒーフィルターなどで保存用ビンにろ過する。

〈マルメロ液化粧水をつくる実験〉

材料：マルメロ種子(五グラム)、精製水(九五ミリリットル)、グリセリン(二ミリリットル)、アルコール(一ミリリットル)、香料(〇・五ミリリットル)、保存用ビン(消毒したもの)

(1)容器にマルメロ種子と精製水を入れ、室温または二〇℃で保温しながら二四時間放置する。マルメロ液は薄い褐色粘液として得られる。
(2)(1)にグリセリン、アルコール、最後に香料の順で入れ、保存用ビンにろ過する。天然色素を加えれば色も鮮やかになる。

なお、肌に付ける際、傷や湿疹等ある方は医師の指示に従っていただきたい。

（参考図書） 香粧品化学、産業図書

写真 11　果汁を含んだ浸出水溶液

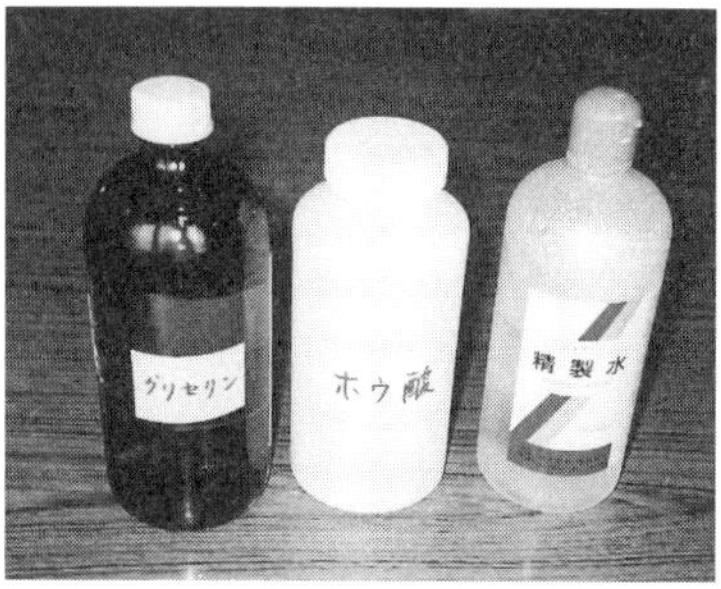

写真 12　配合剤

写真 13　配合比に従って混合し，ろ過する

ブドウからワインをつくる
～発酵の体験～

ブドウの栽培は、今から約六、〇〇〇年前にはすでに行われており、青銅器時代の墓からもブドウの種が見つかっている。葡萄酒、つまりワインが文献に登場する最初は、古代バビロニアの法典であるといわれている。また、古代エジプト王朝時代の壁画からも、ブドウの栽培や発酵、貯蔵の様子を知ることができる。ブドウの原産地は、カスピ海沿岸、アルメニアからメソポタミア一帯とされている。紀元前一〇〇〇年にギリシャ人が愛したワイン文化はその後ローマに引き継がれ、軍事力とともに東西に広がっていった。また、ヨーロッパ中にワインが広まったもうひとつの理由は、キリストがワインを我が血と呼んで与えたことから、キリスト教の普及とともに、修道院を中心にブドウが栽培されワインがつくられるようになった。

現在栽培されているブドウは、ヨーロッパ系とアメリカ系に大きく分けられるが、ワインに適しているのはヨーロッパ系である。適度に酸味があり、糖度が高く、発酵した後に香りが良いからである。ブドウの種類は数千もあるが、多年の経験から各地の風土に最も適した品種が選ばれ、ワインの原料となっている。良いワインをつくるためには、優れた品種のブドウが必要なことはもちろんだが、そのブドウ産地でつくることが原則である。ブドウの熟期が近付くにつれ、その果皮にはさまざまな微生物が着生し始めるが、なかでもその土地のワイン酵母が最も多く着生する。良いワインをつくり出すには、優れた品種のブドウとともに、このワイン酵母が棲み着いていることこそが重要なのである。ブドウを潰してやると、果皮の酵母が果汁の糖分を栄養分として増え始め、生存のエネルギーを得るために発酵し、ブドウ果汁がワインになる。

ブドウは果物の中でも一番汁気が多い。しかも果汁には糖分が多く酸味が強い。ブドウ果汁の酸味は、ほかの微生物の増殖を防ぎ、酸性を好む酵母だけが単独で旺盛に増え、果汁中にたっぷりある糖分をアルコールに変えてワインにする。ブドウ表皮に着生している自然酵母とそれに適した果汁が、酵母菌を添加しなくてもブドウがワインになる理由である。

化学が未発達の頃は、当然ワインは自然発酵でつくられた。つまり、ブドウを潰して、自然に酵母が液中に増殖し発酵するのを待ったのである。ブドウの果汁は、酵母にとっては最高の培養液なので、たちまち増殖を始め発酵してワインになる。しかし自然発酵は失敗も多い。雑菌が入り込むからである。ワインづくりには清潔に心がけて、腐敗が起こらないように注意する。

〈赤ワインをつくる実験〉

材料：ブドウ（全量で約二・五キログラムほど。マスカット系でも巨峰でもよい。山ブドウが手に入れば最高である）、ザル、計量器、ボール、スリコギ、発酵用ビン（消毒したもの。広口で容量三リットルぐらいがよい）、砂糖（二〇〇グラム）、後発酵用ビン、熟成用ビン（消毒したもの。一升瓶など）

(1)ブドウを水洗いする。手づくりワインは、まず水洗いから始める。流水でよく洗って、カビ果、腐敗果などを丹念に取り除く。

(2)徐梗と破砕。果梗から果粒をはずし、重量を計っておく（果粒約二キログラム）。

(3)清潔なボールに(2)を入れ、消毒したスリコギを使って、手のひらで押し潰すような感じで十分に果粒を潰す。種を砕かないよう気をつける。

(4)五～六日間発酵させる。発酵用ビンに約二キログラムの果皮・果肉・種を含んだ果汁を入れ、糖分を補填するため砂糖を入れ、ゆるく蓋をする。発酵は暗所で常温(二〇℃前後)がよい。

(5)発酵が始まると、発酵熱で果汁液温は二五℃程度になる。数日で発酵は盛んになり、炭酸ガスの発生するのがわかる。とくに上部の泡の部分は、温度が上がり、三〇℃にもなると好気性細菌が繁殖し始め、ひどい場合にはワインが酸っぱくなり、酢酸敗になってしまう。これを防ぐため、清潔な棒で一日数回泡をくずし、かき混ぜる。かき混ぜた後は軽く蓋をする。このようにしてアルコールが生成されてくると、皮から色素が、種からタンニンが溶出し、赤ワインに特有の色と渋みを出す。

(6)圧搾《あっさく》する。発酵により目的の色と渋みになったら、清潔な容器の上にザルを置き、そこに発酵液をあけてやる。手のひらで押すようにすると、ほとんど塊はなくなる。さらにザル上の残りはさらし布で搾り取る。最初のワインは軽快で爽やか、搾り取った方は渋みが強く重厚で色も濃くなっているはずである。

(7)二〜三週間後発酵させる。(6)で得た二種を後発酵用ビンの中で混ぜ、さらに糖分がなくなるまで完全に発酵させる。後発酵は、なるべく空気に触れる液面を少なくして、酸化を防ぐ意味で褐色ビンに入れ、蓋をゆるくしておく。

(8)滓引《おりび》きをする。後発酵の終わった段階のワインはまだ濁っていて、香りもそれほど良くない。ビンの底には沈殿物が溜まるが、これは、仕事を終えた酵母と、アルコールが生じるにつれて結晶化する果汁中に溶け込んでいた酸性酒石酸カリの混合物である。これを取り除くには、静かにビンを傾けながら上澄みを別の消毒したビンに移すか、サイフォンで移し替えればよい。この作業により、ワインは透明度を増してくる。

(9)熟成させる。一・五リットルほどのワインができあがるので、熟成用ビンに移し、軽くコルク栓をして冷暗所に置けばよい。熟成の過程での変化は、炭酸ガスが抜けて濁りが沈殿して透明になり、酵母臭といわれる生々しい臭いが薄れていく。貯蔵は温度一五℃前後、半年程度で、この期間中に乳酸菌が繁殖してワイン中のリンゴ酸を分解して乳酸に変える現象が起きる。

以上が手づくり赤ワインの手順であるが、もちろん、創意工夫も必要で、貯蔵期間などには決まりがない。短ければ荒々しく、長期間になれば穏やかな味になるのは、人間をはじめとする生き物と一緒である。

写真 14　原料のブドウを水洗して水をきる

写真 15　ブドウの果粒を潰す

写真 16　広口ビンに移して，砂糖を入れて発酵を待つ

写真 17　発酵液をろ過して搾りとる

写真 18　細口のビンに入れて後発酵させる

写真 19　上澄みを移し代えて熟成する

納豆づくりに挑戦する

大豆が植物性の高タンパク質を備えた優れた食品であることは、よく知られている。それに納豆菌の作用が加わると、大豆にはなかったさまざまな栄養がプラスされる。煮豆から納豆に変わる約二〇時間の間にビタミンB_2は約五倍、つまりたとえば一〇〇グラム中に〇・二ミリグラムだったのが、納豆になることで一ミリグラムに急増するのである。これは、人が一日に必要なビタミンB_2の摂取量一・二ミリグラムにほぼ相当する。納豆一包みで、ビタミンB_2の日必要量が摂取されるわけである。

そのほか納豆には、実に多くの優れた栄養素が含まれており、消化を助ける酵素の働きや納豆菌の強力な整腸作用などを考えると、大豆食品の中でも納豆が注目されているのが理解できる。

納豆と薬味の組合せは、日本人の知恵かもしれない。ねぎ特有の鼻をつく成分は硫化アリルといい、消化液の分泌を良くすると同時に、納豆のビタミンB_2の吸収を高める効果がある。からしの辛みは、アリルカラシ油という成分で、アンモニアと反応して納豆特有の匂いを消す役目がある。

納豆には、炭水化物一〇%、タンパク質一七%、脂肪一〇%のほか、疲労を回復させるビタミンB_2、貧血に効くビタミンB_{12}、ニコチン酸、健康に良く頭を良くするグルタミン酸、リジン、血や肉になるスレオニン、コレステロールを除くリノール酸、高血圧に有効なレシチン、血管を丈夫にするジピロリン酸、骨を強くするカルシウム、リン、造血作用のある鉄分、タンパク質を分解するプロテナーゼ、デンプンを分解するアミラーゼ、消化を促進するセルラーゼ、脂肪を分解するリパーゼなどさまざまな成分が含まれている。

納豆菌の特徴は、快適な温度、湿度、栄養素条件がほかの菌とは違っていることにある。

①栄養素はタンパク質であるが、とりわけ煮豆が大好物である。

②好気性菌である(決して密閉しないこと)。

③適温は四〇℃で、五〇℃になると生育せず、三〇℃では増殖が半減し、さらに低いと生育しない。

④湿度は八〇%以上がよい。

⑤ほかの雑菌に対して弱いため、環境を清潔にして棲みやすくする必要がある。

納豆づくりのコツは、煮豆をあまり冷ましすぎないことと、雑菌が入らないよう全工程において清潔を心がけることである。

〈納豆づくりの実験〉

材料：大豆（一〇〇グラム）、鍋、ザル、納豆（一グラム程度。市販品）、発酵用ビン（ポリ容器、ステンレス容器、発泡スチレン容器などが使えるが、大切なことは十分に洗って清潔にして、容器に雑菌が付かない状態にしておくことである）

(1)大豆をよく洗って、約三倍量の水に二四時間浸しておく。豆は水を吸って、二～三倍の大きさに膨れるので、これをザルにあける。

(2)大型の鍋に(1)の豆を入れ、ちょうど豆が隠れるぐらいまで水を加え、とろ火で数時間煮る。時間の目安は、指でつまんで押すと潰れる程度に柔らかくなるまで。

(3)発酵用容器に煮豆を入れ、これに市販の納豆を加え、かるく蓋をする。または、市販の納豆をぬるま湯に入れて溶かし、その液を煮豆に振りかけてもよい。さらに市販の粉末納豆菌が入手できれば、指示に従ってお湯に溶かしたものを使うとより良いものができる。自然の納豆菌を利用するには、「わらづと」の一部を使うか、わらを消毒して煮豆の中に入れる。

(4) (3)の容器ごと約四〇℃で二〇時間保温する。容器を新聞紙か風呂敷で包み、冬は電気ごたつの中で弱温にして保温する。この状態で煮豆は適温かつ適当な湿度に保たれる。夏は湿度のある浴槽の中へ、鍋などに入れて浮かせておくとよい。

(5) 熟成させる。(4)の容器を冷蔵庫の中で数時間放置する。

これで完成である。開いてみると、豆の表面にコウジのような白い粒に覆われているのが見え、箸でつまむと長く細かい糸を引く。納豆のできあがりである。納豆独特のアンモニアに似た匂いがする。

写真20　大豆を水に浸す

写真 21　弱火で数時間煮る

写真 22　弱火で数時間煮たものに，納豆か納豆菌をふりかける

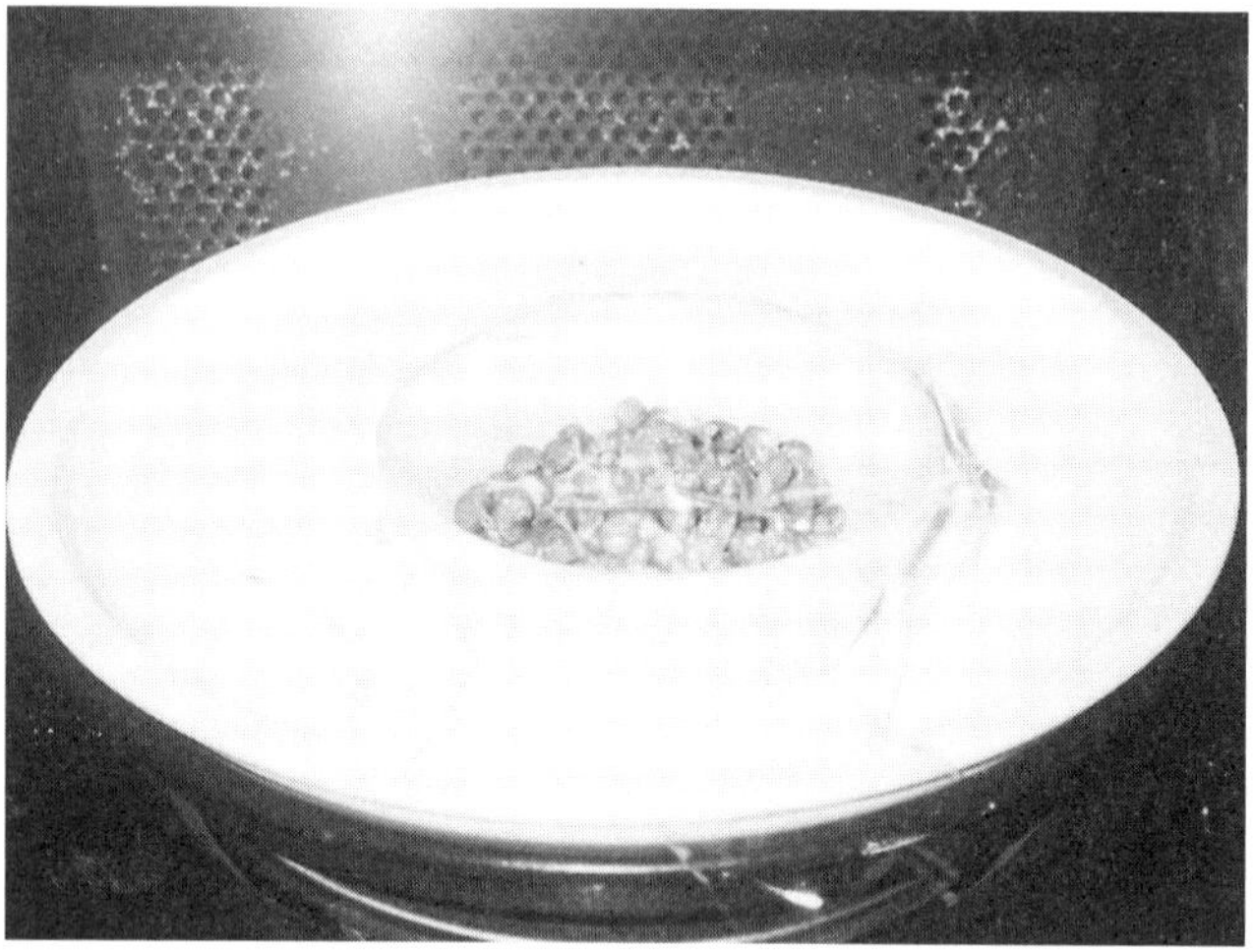

写真 23　40 ℃ で 20 時間保温する

写真 24　納豆のできあがり

植物性の染毛剤をつくる
～クルミを使って自然な風合い～

染毛剤には鉱物性、植物性および合成染毛剤の三種があるが、ここでは、植物性の染毛剤を試作してみたい。植物性の染毛剤は、クルミの殻、ヘナンの葉、カシューの実などを原料とする。

染毛といえば、わが国では白髪を黒色に染めることを意味するが、欧米では黒色や褐色のほかにブロンドやブルネットなどにも染める。しかし、最も需要が多いのは、黒色と褐色の染毛剤で、多くの場合、黒色の染毛剤は希釈すれば褐色の染毛剤になる。

染毛した場合、一般に、その染色が退化しない前にくり返して染毛しなければならない。もちろん、染色に際しては、あらかじめ毛髪に付着している油脂分は十分に洗浄除去しておく。洗髪料としてアルカリ性の石鹸またはシャンプーを用いるか、もしくは炭酸アルカリで完全に油脂分を取り去る。洗髪後も十分に水洗いして微量の洗髪剤も残してはならない。水分を除いた後は、ドライヤーで完全に乾かしてから染毛剤を塗布する。

クルミの殻の染毛剤は、殻の中に含まれる染毛作用を有する成分に油分を加え、髪油として毎日用いることで次第に染毛されていく(表12)。

〈クルミ染毛剤をつくる実験〉

材料：クルミの殻(一五グラム)、アルコール(五ミリリットル)、ミョウバン(一〇グラム)、流動パラフィン(七〇ミリリットル)、鍋、植物香料、例えばバラ油(適量)、布巾、保存用ビン

ミョウバンはスーパー、薬局などで購入可能。流動パラフィンは薬局などで購入可能。

(1)クルミの殻をアルコールに浸し、これにミョウバンと流動パラフィンを加え、弱火で一時間ほど加熱する。油分としては、流動パラフィンの代わりにいろいろな植物やスクワランなどを用いてもよい。

表 12　植物性染毛剤の配合

成分(重量%) / 主原料	主剤	油	ミョウバン	アルコール	香料
クルミの殻	15	流動パラフィン 70	10	5	適量
ショウガの皮	17	ゴマ油 65	15	3	適量
桑の根	20	ゴマ油 60	15	5	適量

(2) (1)を布巾で保存用ビンにろ過し、香料を加える。髪油として常用する。

わが国では、植物性の染毛剤としてはクルミの殻のほかに、桑の根やショウガの皮をゴマ油で煮詰めたものなどを用いていた。

ヘナンという植物は南アジアに産するが、その葉が東洋女性の染色剤として昔から使われてきた。その使用法はきわめて簡単で、ヘナンの葉と水を一：七の割合で混合して煮詰めた液を洗髪した髪に塗布するだけである。また、ヘナンの代わりにレングというラン科植物の葉を使った染毛剤もある。レングを用いた場合は、色調はほとんど黒色に近い。これら植物の葉にはゴム質の物質が含まれ、これが毛髪に付着すると、染毛の効果が高まる。葉を煮詰めた液にアルコールを加えると沈殿が生じるので、そのろ過液を使用してもよい。現地人によると、これらの葉を粉末にしたものを水で練り、糊状にしたものを毛髪に一様に塗布し、一晩そのままにしておき翌日洗い落とす。これをくり返して次第に染毛するという。鉱物性や合成染毛剤とは違って、安全、しかも自然の風合いのある毛髪になる。

写真 25　原料のいろいろ

写真 26　クルミの殻をアルコールに浸し，これにミョウバンと油を加え加熱する

写真 27　布巾でろ過する

蜜ロウからつくる天然の洗顔用クリーム

われわれの皮膚の表面は、皮脂の分泌によって肌のなめらかさが保たれている。しかしこの皮脂は、長時間経つと空気中の酸素により分解され、次第に肌に害を与える物質に変化する。さらに汗腺より分泌される汗は、水分が蒸発した後に塩分、尿素、油脂分を肌表面に残す。これらは、いろいろな皮膚病の原因物質になることがあるので、これらの不潔物を早く洗い落として肌を清潔に保つことは、健康で快適な生活を送るための第一歩である。

人間の皮脂の成分は、ほぼ水分が二に対して脂肪分が一の割合の乳化状のものであるが、時間が経過するにつれ水分が失われ、肌には脂肪分だけが残る。元来、脂肪分は水に溶けないので、水で洗っただけでは皮膚の油脂分は除去できない。この水や湯だけでは落ちない脂肪分を、水と混濁させて皮膚から洗い落とすものとしてさまざまな洗浄剤がある。その代表が石鹸である。しかし、石鹸を使うには必ず水を用いなければならない。その点、これから紹介する洗顔用クリームは、使用に際して水など必要とせず、肌に塗布した後、タオルなどで拭き取るだけでよい。洗面台や湯水も無用なので旅行、海水浴、サーフィン、スキー、登山などで簡単に使えて便利である。三種類の洗顔用クリームがある（表13）。

〈洗顔料１をつくる実験〉

タンパク質を水とグリセリンで練った洗顔料。アーモンド末にホウ酸を加え防腐作用を施す。

材料：アーモンド粉末（五五グラム）、グリセリン（一二ミリリットル）、ホウ酸（二グラム）、蜜ロウ（一〇グラム）、ワセリン（三グラム）、精製水（一五ミリリットル）、パラフィン（一グラム）、香料（適量）、スプーン、保存用ビン（消毒してあるもの）

蜜ロウ、ワセリン、パラフィンは薬局などで購入可能。

表 13　洗顔用クリームの配合

洗顔用クリーム ＼ 成分（重量%）	主原料	グリセリン	ホウ酸	蜜ロウ	ワセリン	精製水	パラフィン	香料
洗顔料 1	アーモンド末 55	12	2	10	3	15	1	2
洗顔料 2	カゼイン 70	26	2	—	—	—	—	2
洗顔料 3	蜜ロウ 65	—	—	—	20	—	14	1

(1)アーモンド粉末とグリセリン、蜜ロウ、ワセリン、パラフィンを混合して練る。
(2)(1)を精製水と混ぜてクリーム状にする。
(3)ホウ酸、香料を配合して、保存用ビンに移す。

〈洗顔料2をつくる実験〉

マッサージクリームと呼ばれるものである。使用の際は、顔面を時間をかけてマッサージすることが大切で、これによって肌に付着している汚れや油脂分を除くと同時に、筋肉に適度の刺激を与えて血行を良くする。その結果、新陳代謝を活発にしてシミやそばかすなどの予防の一環となる。また、顔面に皮脂分泌の多い時は、このクリームによって除去効果を発揮する。

材料：カゼイン(七〇グラム)、グリセリン(一二六ミリリットル)、ホウ酸(一一グラム)、香料(適量)、スプーン、保存用ビン（消毒してあるもの）

(1)カゼインに水とグリセリンを加えて練る。
(2)防腐剤や香料を配合し、保存用ビンに移す。

〈洗顔料3をつくる実験〉

クレンジングクリームとも呼ばれる油性のクリームである。タンパク質を原料にした洗顔クリームとは全く異なる。皮脂は水には溶けないが、油分にはよく溶ける。したがってこのクリームを顔面に塗布し、ティッシュなどで拭き取れば汚れは完全に除去される。水の必要がなく、ティッシュで拭き取るだけなので、使用上まことに便利である。マッサージクリームと違って一日に何度使用しても肌を荒らすことがなく、しかも顔面に適度の油脂を残すので肌が柔軟かつ艶やかとなる。

材料：蜜ロウ（六五グラム）、ワセリン（二〇グラム）、パラフィン（一四グラム）、香料（適量）、スプーン、保存用ビン（消毒したもの）

(1)蜜ロウ、ワセリン、パラフィンを練ってクリーム状にする。

(2)(1)に香料を配合し、保存ビンに移す。

このほか、洗顔用クリームとして、化粧用マッドといわれるものもある。これはマッド（粘土）を水とグリセリンで練ったものである。これを顔面に塗布してそのまま静置すれば、水分が次第に発散するにつれマッドは乾燥し、同時に収縮して肌を引き締め、また顔面の汚れを吸収除去する。マッドに亀裂が入る程度まで乾燥したら、ただ水で洗い落とすだけでよい。なお、肌に付ける際、傷や湿疹等ある方は医師の指示に従っていただきたい。

写真 28　原料

写真 29　原料を練ってクリームにする

杉線香をつくる
～天然素材で自然の香り～

線香は、仏教においては供香や精霊迎えのたいまつ代りや念仏の時間計りなどに利用される。古くは香木の粉末などの抹香が用いられたが、江戸初期に初めて線香がつくられたという。中国には竹芯香と呼ぶ竹の管に香りを塗り固めたり、紙で巻き付けたものがあった。わが国のものは、竹を芯とせず、従来の線香にタブノキの甘皮を整形剤として加え、細い線状にしたものが普及した。持ち運びや使い方が便利で、香りの調節が容易なため広く使われるようになった。

線香の原料としては、沈香《ちんこう》、白檀《びゃくだん》、丁子《ちょうじ》などの植物性のものと、麝香《じゃこう》、霊猫《れいびょう》などの動物性のものに分類される。これらは、いずれも最高級のものに属する。

杉線香と呼ばれるものは、杉の葉を干してよく練ったものを原料とし、後に香水を振りかけてつくったもので、安物の俗称になっている。しかし樹木の香りを楽しみ、森林浴のような効果を得るには杉線香で十分であり、杉のおがくずを利用すれば手軽に線香をつくることができる。おがくずを微粉末にして、これに適当な染料を入れ、接着剤で糊状にして乾燥させればよい。

元来、接着剤としては糖蜜やハチミツを、整形剤としてはタブノキの甘皮、燃焼を助ける助燃剤としてはスス(松煙)を使うことが多かった。青色や茶色の染料を加えることもある。香りを増すため合成香料を加えたものもあり、仏事以外に室内の芳香用の香水線香や、防虫用として、除虫菊の粉末を混ぜた蚊取り線香もある。

表 14　杉のおがくず線香の配合

材料	杉おがくず	接着剤(松やに)	整形剤(糖蜜)	染料		香料	
				藍などのインディゴ(青)	あかねなどのアリザリン(赤)	α-ピネン	リモネン
割合(重量%)	85	10	5	少量	少量	微量	微量

杉のおがくずからつくった線香はあくまでも自然のもので、香料を入れなくても杉の香りがして森林浴の気分になる。つまり、線香は単に祖霊を供養するためのものだけでなく、その香りで気分も和らげる鎮静効果や脳の働きを活発にする効果がある。古くから読経や精神統一する際に香をたくのはそのためである。古代エジプトでは、一部の香りがもつ殺菌作用をミイラの製造に利用したり、中国では焼香が媚薬として使われたという。いずれにせよ、精神的に疲れることが多い現代人にとっては、静かに香をたき、森の澄

みきった空気を胸一杯に吸って森林浴を楽しむゆとりが必要である。

〈杉のおがくずから線香をつくる実験〉

材料：杉のおがくず（八五グラム）、ミキサー、粉末松ヤニ（一〇グラム）、糖蜜（五グラム）、染料（適量）、香料（適量）、トコロテン製造器

杉のおがくずは、製材所（製材した後の新しくて匂いの良いものがよい）でもらったり、山で杉の枝や幹を採取し、裂いたり鉋《かんな》をかければできる。粉末松ヤニは薬局に注文すれば購入可能。糖蜜はスーパーで購入可能。染料はスーパー、薬局などで購入可能。トコロテン製造器がなければ、空チューブなどが利用できる。内容物を細長い形状で押し出せるものであればよい。

⑴杉のおがくずを二〜三週間放置して自然乾燥する。新聞紙の上に広げておけばよい。

⑵⑴をミキサーにかけて微粉末にする。

⑶⑵をボールに入れ、粉末松ヤニ（接着剤）、糖蜜（整形剤）を加えてよく練り均一に混ぜる。

⑷色を付ける。藍などのインディゴを微量加える。茶色にするには、アカネ草の根から抽出したアリザリンを加える。

(5)香りが足りない場合は香りを付ける。森林の空気に含まれ、人の健康に良い影響を与えるα－ピネン（テレビン油の主成分）や松葉に多いリモネンなどを少量加えるといっそう効果がでる。

(6)成形する。この粘土状の原料をトコロテン用の容器、もしくは空のチューブを途中で切ったものなどの中に詰め、ゆっくり押し出す。直径二～三ミリメートルぐらいの穴だと便利につくれる。細くまっすぐで表面の細かいのがよいが、あまりなめらかなも

写真 30　杉のおがくず（線香の原料）

写真 31　原料を粘土状に練る

のは糖蜜の入れすぎである。一〇～一五センチメートルの長さになったら切る。

(7)乾燥させてできあがり。接着剤、整形剤、染料、香料を自由に調節することにより、いろいろなものがつくれる。

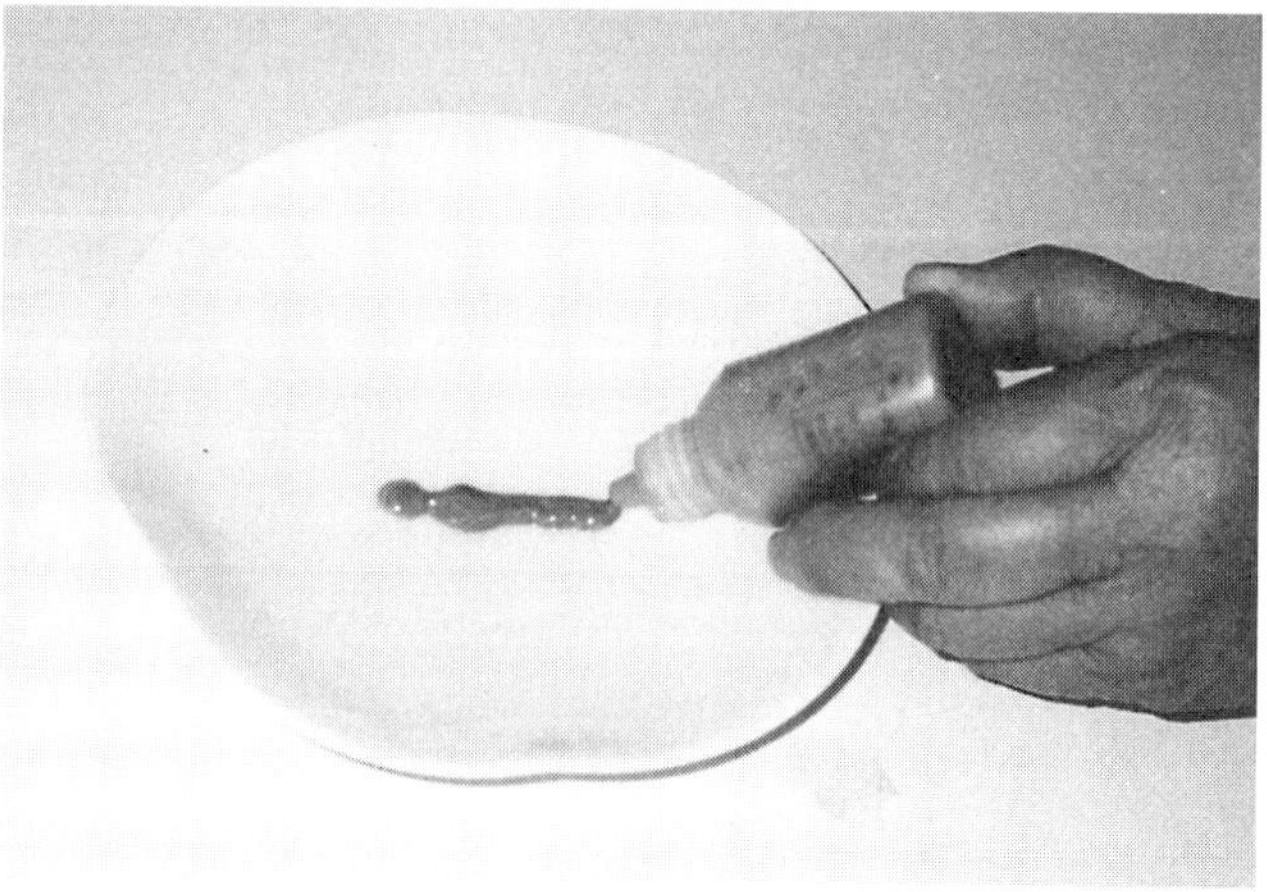

写真32　棒状に穴から押し出す

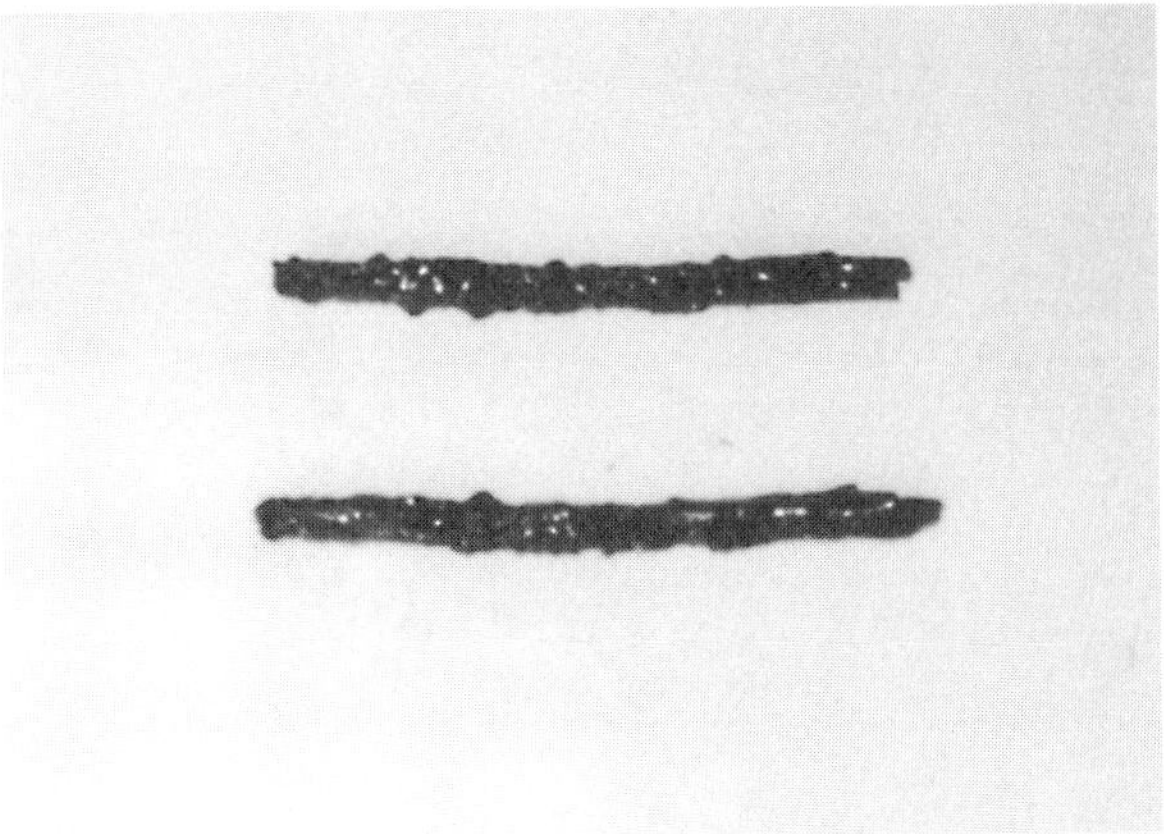

写真 33　乾燥する

写真 34　線香を焚して楽しむ

柿渋でリラクゼーション
～柿渋製品には精神安定効果がある～

柿渋とは、渋柿の実から採取した液で、強い防腐、防水、防虫効果に加え接着力も優れているため、かつて天然素材にたよっていた時代にはなくてはならないものの一つであった。和紙に塗布すると繊維を強くするので、身のまわりのものとして柿渋染めうちわ、柿渋染めのれん、和傘、柿渋マット、行李などに利用された。

また、これら柿渋製品には、精神を安定させる作用のあることもわかっている。その一つが血圧降下作用である。血圧二〇〇のマウスが柿渋染料製品を周囲に置いたことで一時間後には一六〇まで下がり、その後は一七〇前後で安定し続けた（図2）。

これは人間の場合も同様で、柿渋製品をいつも部屋に置いておくと、血圧が安定する効果が確認できるはずである。ある和紙問屋の主人は、血圧の高い母親の部屋の壁紙を柿渋で染めた和紙にしてみた。部屋に入るとすうっと落ち着くのだという。部屋全体を柿渋で覆うのは無理としても、柿渋製品を集めた部屋で生活してみるのはどうだろうか。

柿渋は、身のまわりの道具以外にも、家の壁や外壁などに防腐剤や防水剤として使った。漁網にも使った。柿渋の漁網はいつまでも腐らず水ぎれも良い。使う人が自分の肌の感触がとても柔らかだと感じるという。これも精神安定に関係があるのかもしれない。

柿渋は、かつて酒造業にもなくてはならないものの一つであった。清酒製造の時に、発酵後に発生する澱《おり》を下げる清澄剤として用いられた。また、最後に清酒を搾る際に使う酒粕の袋も、必ず柿渋染めの麻袋であった。こう考えると、冬季の半年近くを酒蔵の中で孤独な生活を送った酒造り職人たちは、柿渋のおかげで精神を安定に保ち、酒

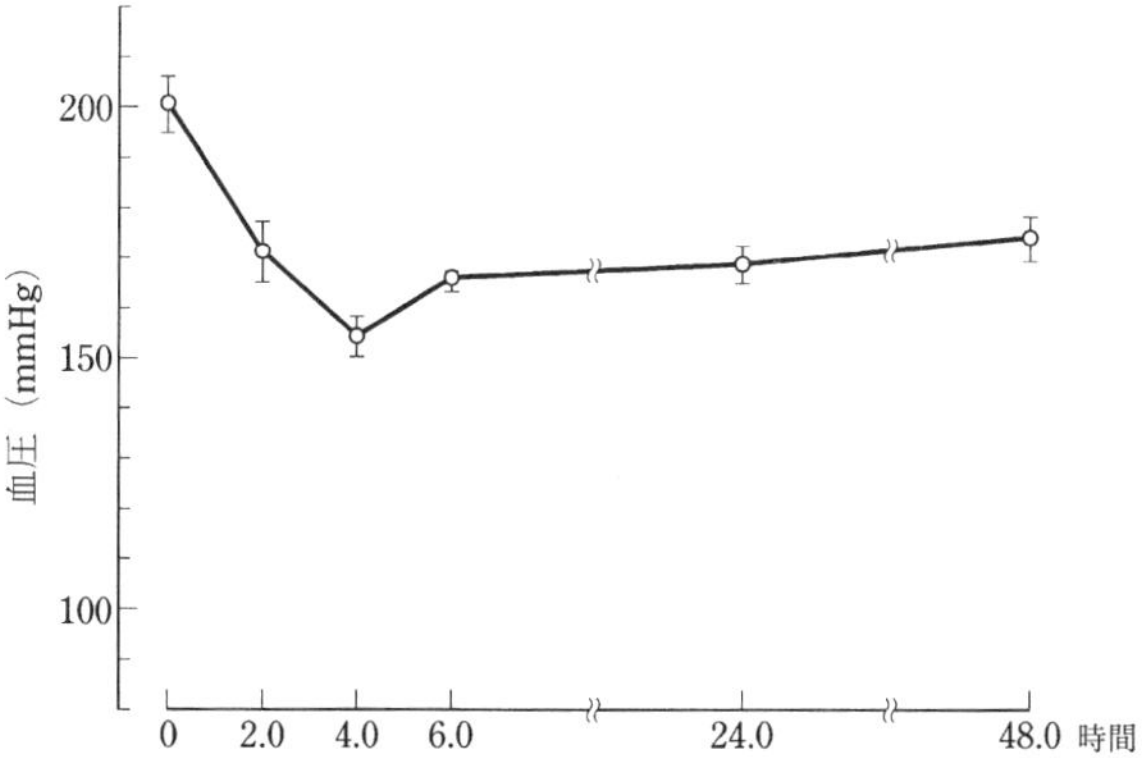

図２　柿渋製品によるマウスの血圧安定化

造りに専念できたのかもしれない。

柿渋の正体は、タンニンと呼ばれる物質である。植物界に広く存在し、加水分解（水と反応して、それを構成する酸や塩基に分解される現象）によってポリフェノール酸とグルコースとを生じる一種のグルコシドに属するものの総称である。タンニンは、タンニン酸とも称し、タンパク質と結合して水に不溶性の物質に変わる。酒の清澄剤に用いるのも、酒の濁りの原因であるタンパク質と結合し、不溶性にして沈殿させるためである。渋柿をかじると渋みを感じるのも、口内の粘膜細胞のタンパク質が凝固して起こる感覚のためである。

柿渋の中には、もちろんタンニン以外にも数多くの成分が含まれている。むしろそれらの未知の微量成分が人間に対する生理作用をもち、その一つの作用として血圧を下げ精神安定につながっていると思われる。

〈柿渋をつくる実験〉

材料：渋柿（適量）、ミキサー、さらし布、発酵用ビン（ホーロー容器など、消毒したもの）

(1)採り立ての渋柿を細かく切り刻み、ミキサーで粉砕してジュース状にする。

(2)(1)をさらし布で裏ごしして搾り果汁を得る。これを発酵用ビンに入れ軽く蓋をして放置する。

(3)数日経過した時点で果汁は泡立ち発酵し始める。そのままにしておくと約一カ月で泡立ちが消え、発酵の終了したことがわかる。その後は、発酵物でいう熟成期である。半年ほど過ぎると表面は茶色の薄い膜で覆われる。これで柿渋はほぼ完成である。

(4)ブラシを使って和紙や麻類などに塗布してそのまま自然乾燥する。市販の柿渋も同じつくり方をしているのでそれを使ってもよい。

こうして、茶色をした柿渋製品ができる。うちわ、のれん、文机、座布団、袋物など自作でできる楽しみがあり、これらを常用することにより精神安定効果が期待できるだろう。

写真35　渋柿を細かく切りミキサーで果汁を得る

写真 36　容器に入れ発酵させる

写真 37　柿渋製品のいろいろ

ビールの泡から人工べっこう

ある乾燥した暑い夏のことである。仕事の後のビールは何ともたまらないもの。せっかちに盆の上に置いたグラスに勢いよくビールを注いだところ、泡がグラスから溢れ出し盆にこぼれてしまった。その時は、ほろ酔いのためか盆を洗うのも忘れてそのままにしておいたのだが、翌日盆を洗おうと思ってみると、その泡が薄い膜を張ったようになっている。あれっと思い、二〜三日そのままにしておくと、暑さと乾燥のためか泡が硬くなり、次第に飴状になってきた。

よく観察すると色合いや感触、風合いなどがべっこうとそっくりである。もっと水分を蒸発させると良いのではと思い、一部をオーブンに入れて加熱したら表面が焦げてしまった。そこで、残った飴状のものを皿に入れ、電子レンジで数分加熱してみた。すると見事に水分だけが蒸発して粘土状の硬さになった。まるでべっこう飴のようであった。

それを再び電子レンジで加熱して、粘土状のものを素早く二枚のガラス板に挟んで板状にしたり、ケーキ用のアルミ型やハート型に入れて放冷した。ただし、型から出すのに苦労した。あのべっこう特有の模様を手軽に出せないかと手当たり次第に試したところ、インスタントコーヒーの粉末で何ともいえない模様を出せることがわかった。電子レンジで加熱する際に、インスタントコーヒーの粉末を適当量入れると、複雑できれいな色模様ができ、同じ模様は二つとつくれない。板状のものを透かして見ると、天然のべっこうと同様の美しさがある。

この実験は、小学生、中学生、主婦など家庭で簡単につくれるもので、科学の面白さを体験するには良い素材である。さらに工夫すればいろいろ発想豊かなものがつくれて、楽しさを与えてくれる。

べっこうはワシントン条約により国際取引が禁止され、在庫はあまりない。代替品として利用すれば産業上も役立つはずである。ちなみに、ビールの泡がなければ麦茶の泡からつくることもできる。ビールの原料は大麦であり、ビールと麦茶のタンパク質成分の割合がよく似ているからである。麦茶の泡からつくる場合は、麦茶を十分に煮出し、その茶色の液をよく泡立てさせて蒸発乾燥させる。ビールの泡の場合は重さの約七％、麦茶の場合は約五％が固形分、すなわちべっこう様の模様となる。

〈人工べっこうをつくる実験〉

材料：ビール（発泡酒）もしくは麦茶（七〇〇ミリリットル程度）、インスタントコーヒー、ケーキやクッキーなどの型

(1)ビール（発泡酒）もしくは麦茶の泡を広口ビンか皿などに採取する。

(2)(1)を二〜三日放置する。泡が硬くなり、次第にアメ状になる。泡はできるだけ空気に触れさせて酸化させた方が硬くなる。

(3)オーブンに入れて八〇℃で一時間加熱する。

(4)(3)を皿に入れ、電子レンジで二分加熱し、アメ状にする。

(5)さらに(4)を再び電子レンジで一分加熱すると、粘土状になるので素早くインスタントコーヒーの粉末を適当量入れる。また、緑茶の濃い液やタンニンを少量加えれば、アメ状成分が重合して樹脂状になり、吸水率も三％と天然べっこうに近いものとなる。

(6)(5)を二枚のガラス板に挟んで板状に、またはケーキ用のアルミ型やハート型に入れて放冷する。

(7)放冷して硬くなったものを細工することもできるが、できれば冷えて硬くなる前に、はさみで切ったり曲げたりすればより自由に細工することができる。かんざし、ネク

タイピン、ヘアピン、ブローチ、置物など発想はいろいろある。ただ、この人工べっこうは、水に比較的弱いという欠点があるので、できた細工物をアクリル樹脂の透明スプレーをすれば完璧である。

写真 38　ビールを勢いよく注ぐ

写真 39　泡が固まり固形化する

写真 40　電子レンジで軟らかくして，インスタントコーヒーを入れる。緑茶も入れる

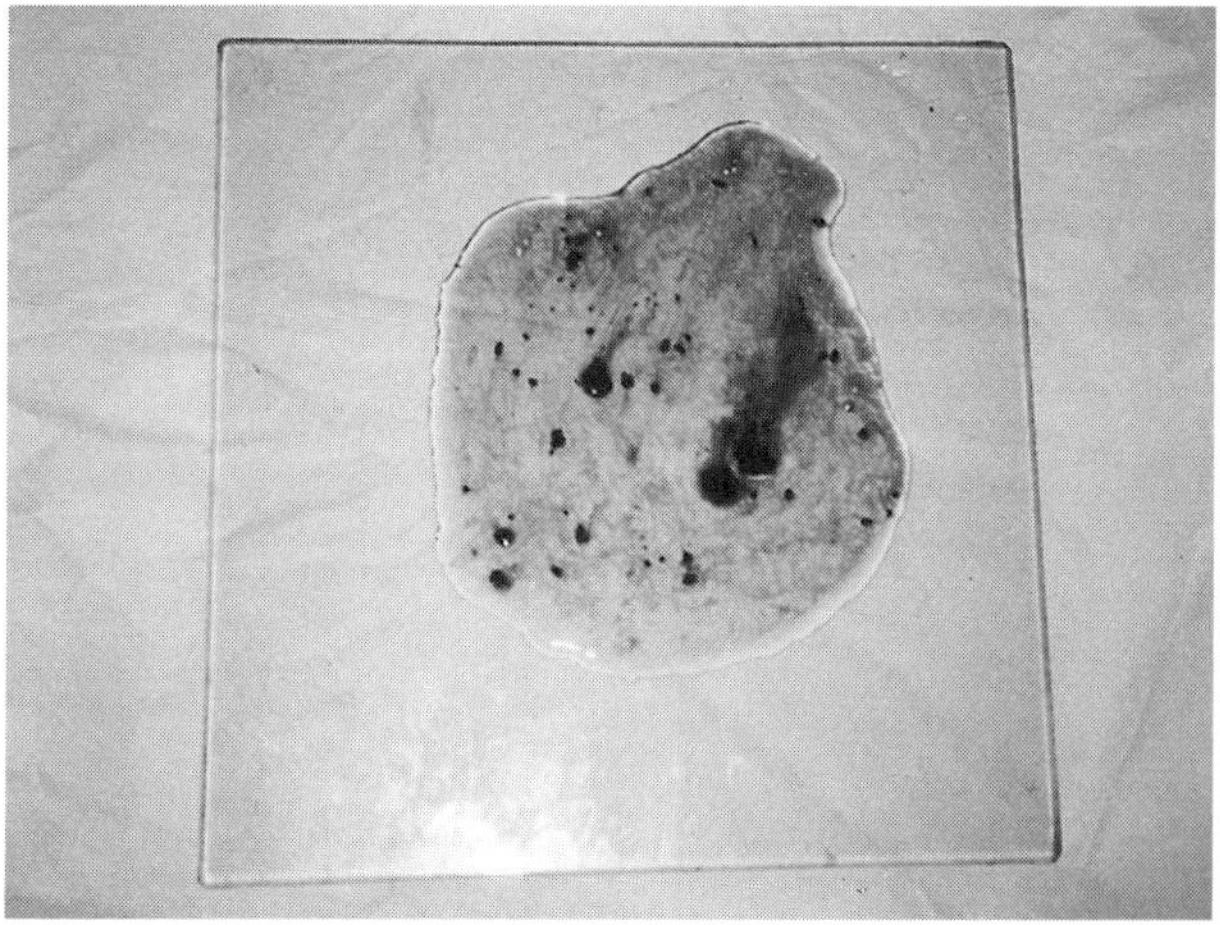

写真 41　ガラス板に流し込んで放冷する

卵と牛乳から人工象牙

野生動物保護に関するワシントン条約ができる前は、象牙鍵盤のアップライトピアノは安いもので二〜三万円から買えた。それが現在では四〇〜五〇万円もする。わずかのうちに二〇倍にも値上がりしてしまった。

そんなわけで、誰でも人工的に象牙をつくれないものだろうかと考えるだろう。象牙の成分は、人間の歯や骨と同じリン酸カルシウムである。そこでリンタンパク質とカルシウムを組み合わせてみる。リンを多く含んだものといえば卵、カルシウムを含んだものといえば牛乳があげられる。その組合せを主にして人工象牙をつくってみる。これらはいずれも生分解性(自然に土壌中で分解してしまう物質)で、地球にやさしい素材である。

〈人工象牙をつくる実験〉

材料：卵(一個)、牛乳(一〇〇ミリリットル)、ミキサー、炭酸カルシウム(一〇グラム)、白絵の具(大さじ一杯。または酸化チタン大さじ一杯)、リパーゼ(少量)、ビニー

ルチューブ、ガラス板(二枚)

炭酸カルシウム、リパーゼは薬局、スーパーなどで購入可能。

(1)ミキサーに卵二個を殻ごと入れ、牛乳を加える。それだけではまだカルシウムが足りないので、市販の炭酸カルシウム、また重量感を出すため酸化チタン(または白絵の具)を、さらに牛乳中の脂肪分を分解するためにリパーゼ(脂肪分解酵素)を耳かき一杯分入れ、数分間撹拌する。リパーゼを入れ忘れると、できあがった際、表面に油脂が浮き出ていることがある。

(2)撹拌すると次第に粘り気が出てくるから塊にならないうちにガラス板にその混合物を置き、まわりをビニールチューブで囲み、その上から同じ厚さのガラス板で押さえつける。十分に押さえつけるため、タオルを敷き、その上から足で踏む。

(3)そしてただちにクリップで締めつける。

(4)(3)のチューブとクリップを外し中身がはみ出さないことを確認してから、オーブンに入れて九〇℃で七～八時間加熱。乾いて表面がガラス板と離れそうになれば完了。

(5)その後、放冷すると硬い板状の人工象牙のできあがりである。

卵の黄身を入れなければ白くなり、多く入れれば淡黄色になる。比重は酸化チタンの量で調節する

象牙は細かい毛細血管があるのが特徴で、鍵盤は演奏家の指の汗を吸い取ってくれる。印鑑の場合は朱色インクを吸収し、くっきりと印が押せる。三味線のばちでは、毛細管による共鳴効果でプラスチック製とはまるで違う音色となる。この人工象牙にも細かい穴があり、水分の吸収力が大きいので印鑑にも応用できる。その細工は素人には無理であろうが、人工象牙の印鑑は形が変化しないので、文字がゆがむことがない。成分は天然のものとほぼ同じだから時間とともにいわゆるアメ色になる。

写真 42　ミキサーの中で原料を攪拌する

写真 43　ガラス板の上に置きガラス板に挟む。ビニールチューブで囲み，流れ出さないようにする

写真 44　オーブンに入れて加熱すると，重合して表面が乾き不透明な象牙色になる

虹色の色チョークをつくる

学校で毛細管現象というのを習う。細い管を水、そのほかの液中に立てると、管内の液面がもとの液の水平面より、高くなったり低くなったりする現象である。管中の液面の上昇または効果の度合いは、液の表面張力に比例し、管の内径に反比例する。

この現象は、身のまわりでもいろいろ観察できる。たとえば、木製の雨戸を長い期間野ざらしにすると表面にさまざまな模様ができる。これは、雨戸の板の下部に雨が吹き付けられ毛細管現象で水分が上部へと上がっていく時、木材の中の色素や汚れが水分と一緒に上昇し色模様として現れるためである。これをよく観察するには、新しい雨戸の板に水がつく時がよい。水が次第に上昇し、木の中の色素を分離しながら異なった色の帯状になり永年の間には色素が酸化され暗茶色に変化し、まるで年輪のように筋模様になる。また、布製や革製の新しい靴をどろんこ道で履くと、後で乾かした時に縞模様がはっきり見えることがある。これは、泥の汚れが毛細管現象で上昇したのである。画用紙に墨を一滴落としてみる。毛細管現象により、ちょうど波紋のように濃淡の輪が見られる。これを伝統産業まで高めたのが墨流しの技法で、水面に墨汁または顔料を一滴落とし、これが水面上に広がった模様を布や紙の面に移す。放置すると模様はさらに複雑に広がり独特の波紋を描き出す。

混合物の分離を行う方法として、「クロマトグラフィー」という優れた手法がある。クロマトグラフィーの名称は元来「色素」を意味しているが、これはたまたま最初にこの手段を用いて分離された物質が、植物性色素であったことに由来する。クロマトグラフィーは、おおまかにいうと固定相、移動相からなる。先程の話をあてはめてみると、雨戸が固定相で、毛細管現象で上昇していくものが移動相となる。木の中の色素や汚れが着色成分である。この着色成分が移動層に運ばれながら、固定層と移動層の間を絶え間なく行き来する。着色成分は、一定時間移動相にとどまり、次いで固定相に移り、再び移動相に行く。これを何度かくり返すことによって色模様が現れる。

一般に固定層に使われるのは固体の粉末が多い。デンプン、セルロース、シリカゲル、石膏、酸化アルミニウム、珪藻土およびその混合物などである。移動層としては水をはじめ、エタノール、アセトン、ベンゼン、クロロホルムが使われる。この固定相と移動相の組合せと選択により、より適した着色色素の分離が行われ美しい色模様となる。固定相は、通常、ガラス管に固く詰めて固定するが、身近にあって手軽に利用できるのはチョークである。チョークの成分は石膏だから都合がよい。移動相の液体にはいろいろ考えられるが毛細管現象で上昇の速いアセトンを使用する。この移動相によって、着色色素の分離の様子も違ってくる。水は上昇が遅く、エタノールは色素の溶解度が低い場合がある。アセトンにわずかの水を加えたものが使いやすい。

色素は果物や花、葉など植物色素が入手しやすく、色も自然で、分離可能なものが多い。

〈虹色チョークをつくる実験〉

材料：天然色素を採取できる野菜・果物など（シロツメ草、アイ、ベニバナ、アカネ、ウコン、カレー粉、ブロッコリー、サフラン、トマトの皮、ニンジン、ナスの皮、シソの葉、リンゴの皮など）、乳鉢、アセトン（五〇ミリリットル）、コーヒーフィルター、白チョーク、小皿（数枚）

アセトンは薬局で購入可能。

(1)着色色素を抽出するため、それぞれ色素の原料を乾燥後、乳鉢で細かく砕く。

(2)これに、それぞれアセトンを加えると色素が抽出され独自の色となる。色が薄い場合には水(水道水でもよい)を少量加えてやると色が濃くなる。これをコーヒーフィルターでろ過し固形物を除いておく。これでほぼ虹色の色素が準備できる。

(3)市販の長さ一〇センチメートル程度の白チョークを用意し、あらかじめ電子レンジで乾燥させておく。

(4)乾燥した白チョークをロウソクのように小皿の上に立て、(2)の色素溶液をチョークが〇・五センチメートル程度浸るように入れる(写真46)。

(5)ただちに色素が溶液と一緒に上昇してきて、数分で、チョークの中ほどまで昇ってくる。ここで取り出す。

(6)(5)のチョークを今度はアセトンだけ入れた小皿の中に立てる。下部に残った微量の色素を中ほどまで上昇させる。これでチョークの中ほどに幅一センチメートルほどの色の帯ができる(写真47)。

(7)続いて別の色素溶液を小皿に入れ、(6)のチョークを逆にして立てる(アセトンが付着している方を上にする。蒸発させるため)。数分で、前回の色の帯に近付くので、そこで取り出す(写真48)。

(8)(7)を再びアセトンの溶液に立て、チョーク下部の色素を上昇させる。これで二色の色の付いたチョークができる。

(9)同様に、別の色素を小皿に入れ、先の方法でチョークを立て色素を上昇させる。前の色素の帯の下にきたら取り出し、アセトンで微量の付着色素を昇らせる。このようにチョークの上下がいつも白い状態で、この操作をくり返すと白チョークが青、緑、紫、黄などの色の層をもった色チョークにかわる。七回、七色で行えば虹色のチョークがつくれる（写真49）。

最後に、アセトンを蒸発させるため、換気の良い所に放置すれば、幾重にも色の層をなす色チョークができあがる。

これは、クロマトグラフィー、毛細管現象を利用した最も手軽な実験である。実際に使ってみると、次々にいろいろな色が書ける。勉強している方も教えている方も、普段とは違った授業が経験でき、楽しいはずである。さらにさまざまな工夫をすることで、もっと面白いものがつくれるかもしれない。

写真45　さまざまな色素で白チョークを染める

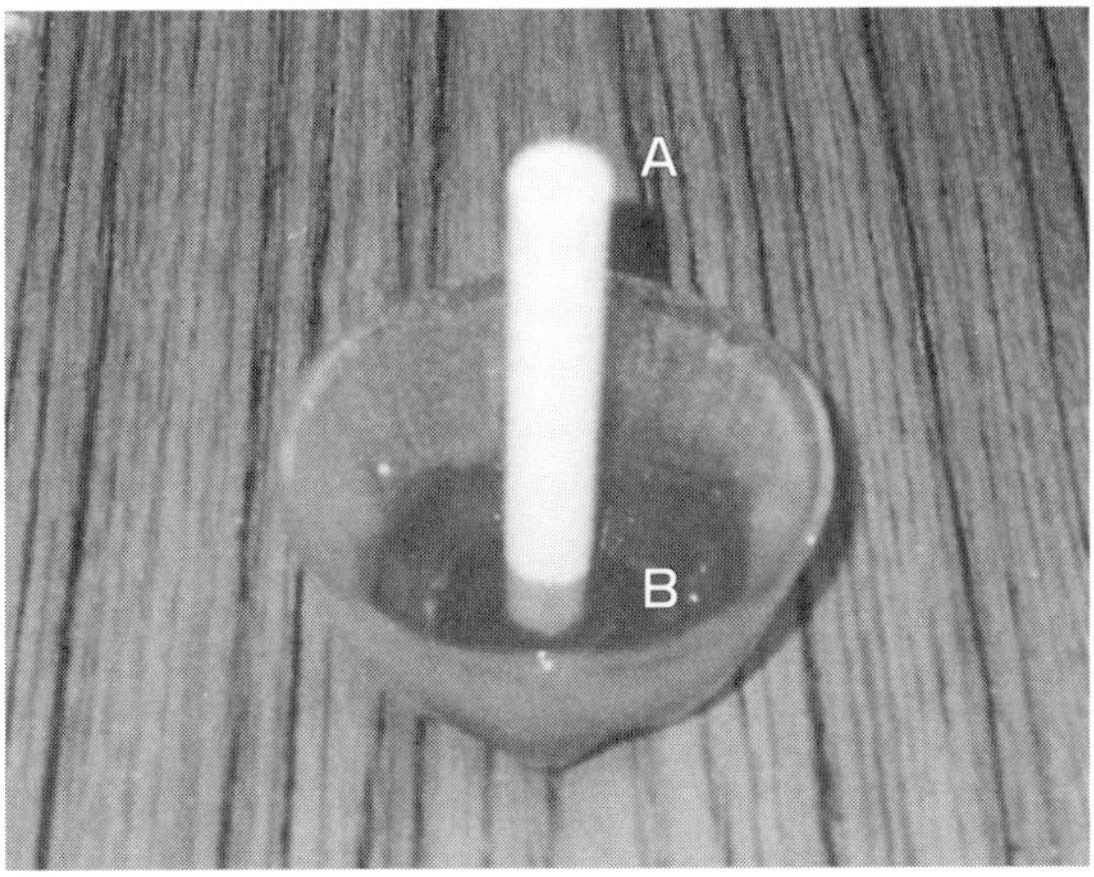

写真 46　色素溶液に白チョークを立て，チョーク中ほどまで色素を上昇させる

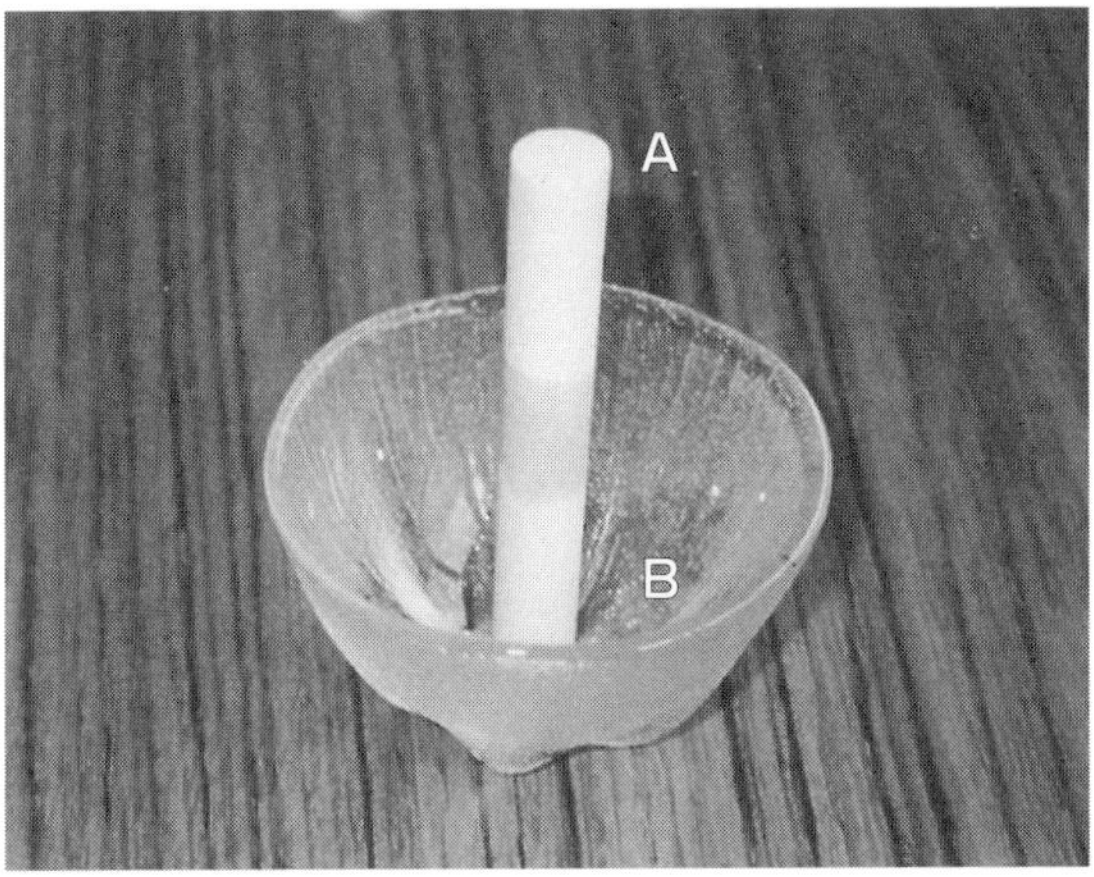

写真 47　写真 46 と同じ向きで，アセトンだけ入れた小皿に立てる。チョークの中央に帯ができる

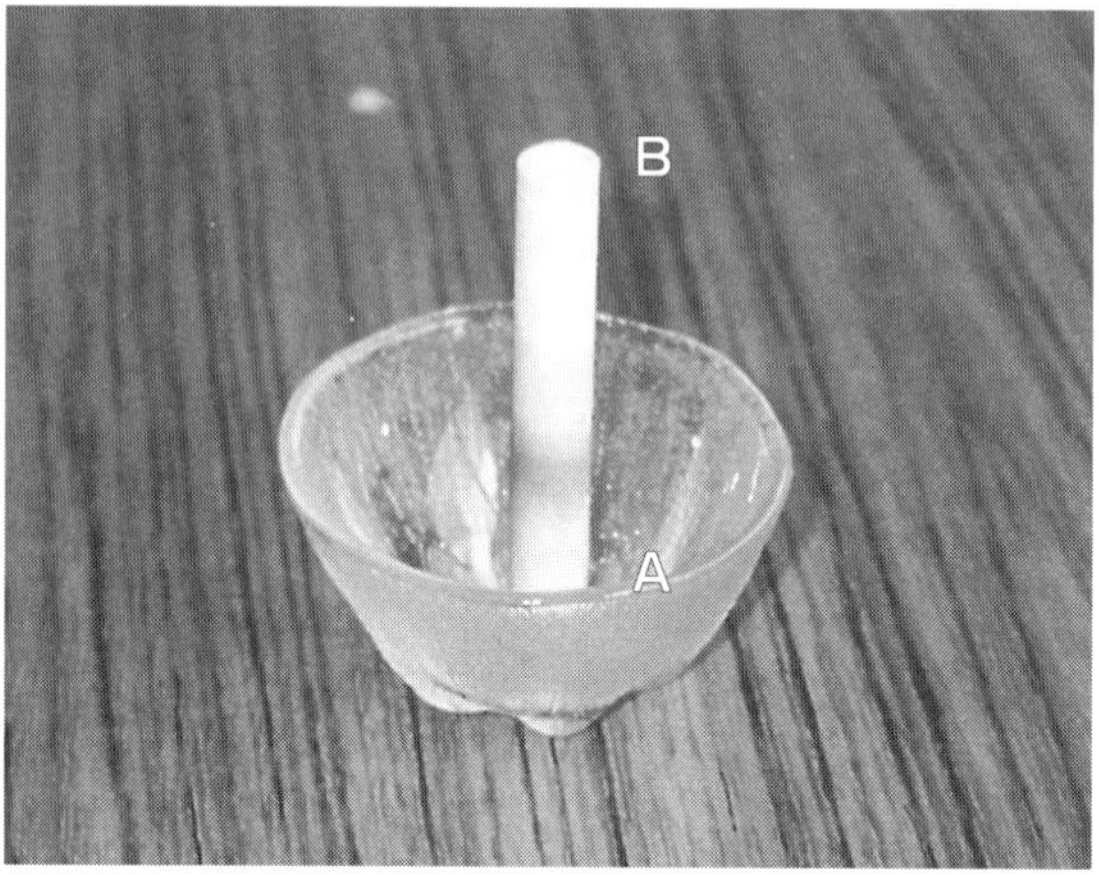

写真48　チョークを逆にして別の色素溶液に立ててから，また
アセトンだけ入れた小皿に立てる

写真49　これをくり返す

ガスバーナーでつくれる色ガラス

一般につくられているガラスは、通常「凝固点以下に冷却されても結晶しない」という特性の液体が固体化した、透明で硬くもろいものである。つまり初めは液体であったものが、非常に硬くなるまで粘性を増してゆき、最終的には普通の定義でいう固体としての性質をもったものである。

ソーダ・ライムガラスはつくりやすく、これは珪砂、炭酸ナトリウム、ホウ砂の三つを主要な原料とする。炭酸ナトリウムを珪砂に添加すると、溶融点は一、二〇〇℃から八〇〇℃に下がり、簡単に溶融できる。また酸化鉛を融剤として使うと、高屈折率の光彩や光輝をもった鉛ガラスもつくれる。ソーダ・ライムガラスは少なくとも二、〇〇〇年前から知られており、鉛ガラスは約四〇〇年の歴史をもっている。そのほかのガラスは一〇〇年ほどの歴史である。

上手なガラスのつくり方は、溶解の後に残った泡を除くために清澄剤（硝酸ナトリウム $NaNO_3$ や硝酸ナトリウム Na_2SO_4 など）を加えたり、鉄分による混濁した色を消すため、微量のセレンや塩化コバルトを添加するのがポイントである。普通のガラスの欠点は、急激な温度の変化を受けた時に応力が発生して割れやすくなることであるが、熱膨張係数を減少させることによって(例えば、カリウムを加えた硬質ガラス)、熱衝撃を受けにくくすることができる。熱膨張係数の最も低いガラスは、溶解シリカである。そのほかホウ珪酸ガラスなどがあり、その熱膨張係数はソーダガラスの三分の一にすぎない。これは融解促進剤としての炭酸ナトリウムを酸化ホウ素に変えたものである。

これらを基本知識として、るつぼで色ガラスをつくってみる。

〈色ガラスをつくる実験〉

材料：るつぼ、珪砂末(二一・〇グラム)、酸化鉛(六・〇グラム)、ホウ砂(四・五グラム)、塩化コバルト(〇・一グラム)、マッフル、ガスバーナー、ステンレス皿、ピンセット、スパチュラ、磁器板、軍手

るつぼ、ガスバーナー、スパチュラ、マッフルは大型ホームセンターで購入可能。ガスバーナーがなくても、台所のコンロで代替可能。また、マッフル(耐火性で熱伝導率の高い板)はステンレス板などで代替できる。珪砂末、酸化鉛、ホウ砂、塩化コバルトは薬局で購入可能。

(1)るつぼにマッフルを敷き、その上へあらかじめよく混合した珪砂末、酸化鉛、ホウ砂、塩化コバルト(色消剤)を入れる。
(2)るつぼの上部に磁器板などで蓋をして熱が逃げないようにし、ガスバーナーで約一〇分強、熱する。るつぼ内は七〇〇℃程度になり、この温度で内容物は溶解する。
(3)完全に均一になったことを確かめた後、マッフルを取り出してから融解物をステンレス皿に流し込み放冷する(安全のため、このとき軍手をはめて行う)。
(4)熱いうちにピンセットとスパチュラで細工すれば好きな型のものがつくれる。

このガラスに色を付けるには、手順(1)の段階で重金属イオンのコロイド粒子(薬局に注文するととり寄せてくれる)を加えればよい(表15)。金属イオンによる色付けは、表のように種類、量によって自由に調節できる。また、これらを二種以上混合すれば赤褐色、茶色、黒などの色

表 15　色ガラスの色

金属イオン	色
コバルト	青，紫
クロム	緑
銅	青，緑
ニッケル	紫，赤褐色
ウラン	黄
マンガン	紫
鉄	青緑，黄緑
コロイド粒子	**色**
塩化金 0.01 %	赤
銅	赤
セレン化カドミウム	赤
金（強温度）	紫，青
硫化カドミウム	黄

ガラスができる。コロイド粒子で着色しているものでは、金、銅、セレン化カドミウムによって赤い色が付く。これがルビーガラスといわれるものである。金のコロイドでは紫または青に近付けることもできる。硫化カドミウムでは黄色になる。

金によるルビーガラスをつくる際は、ガラス原料に少量の塩化金を混ぜて溶解し、るつぼからステンレス板に流し込み急冷すると無色のガラス塊が得られる。これを再びるつぼに入れ、ゆっくりバーナーで熱すると、融解するにつれ次第に赤みを帯びてくる。これは、最初急冷した場合は金が過飽和状態でガラスの中に溶け込んでいるが、再び加熱すると金のコロイドが析出してくるためである。るつぼ内の温度が四〇〇℃ぐらいの時は薄赤色になる。さらに温度を上げると金のコロイド粒子が大きくなるため、色が紫色から青色に変化する。このほか、炭素や硫黄のコロイド粒子による色ガラスもある。つくり方は同様である。粉炭やコークス粉などをガラスの原料に混ぜて溶融すると、炭素の微粒子が残って黄褐色になる。薬瓶などに使われている茶色の色ガラスビンはたいていこの種のものである。

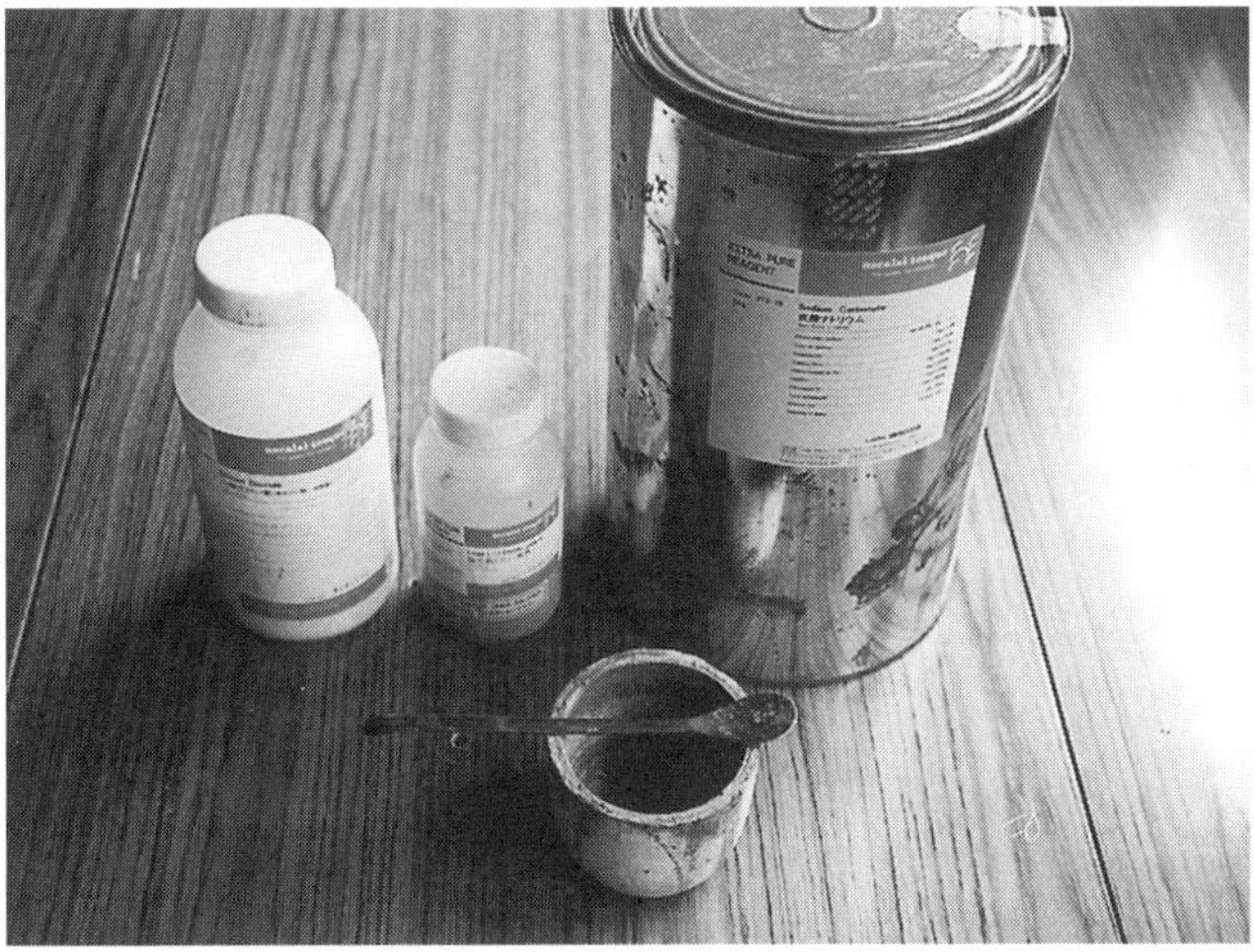

写真 50　材料。二酸化珪素，酸化鉛，炭酸ナトリウム、るつぼ、薬さじ

写真 51　ルツボ内で強熱する

写真 52　ステンレス皿(ボール)に流し込み放冷

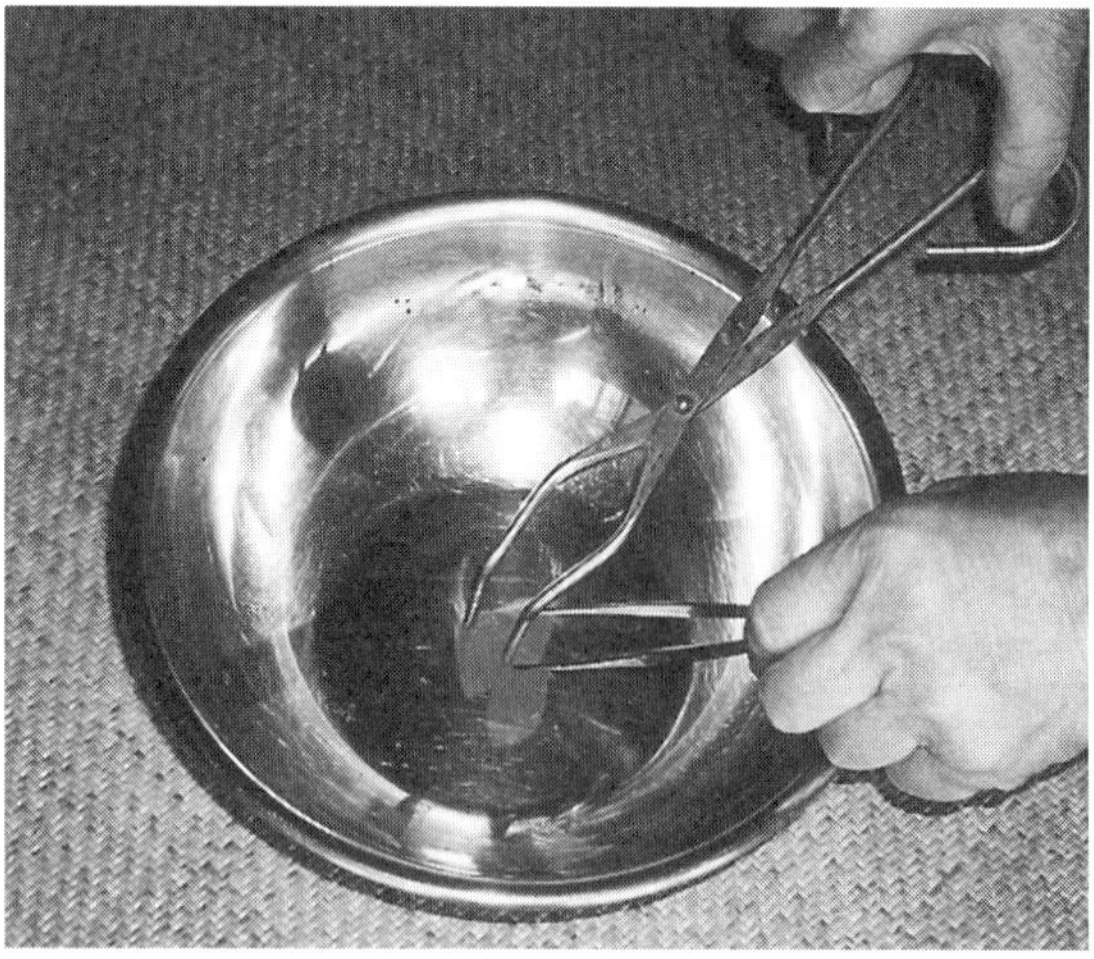

写真 53　スパチュラとピンセットで細工。ガラスが少量だとすぐに冷えて固まってしまうので，流し込んだらすばやく細工する

酒粕エキスからつくる美肌クリームでシミ・ソバカス予防
～杜氏さんの肌がキレイなのは酒粕のおかげ～

クリームは肌を柔軟滑沢にすると同時に、肌の表面に薄い皮膜をつくって外気や日光の及ぼす悪影響を軽減し、かつ被膜をつくることによって肌の表面を平坦にして化粧品の付着を容易にする。いわば化粧の基礎をつくるものである。

クリーム類にはいろいろな種類があるが、大別すると、油脂の有無により油性クリームと無油性クリームの二種となる。また、油性クリームにはさらにその中に水分を含んでいるかどうかによって含水油性クリームと無水油性クリームの二種となるので、クリームは三種類に分類される。

- クリーム
  - 油性クリーム
    - 含水油性クリーム
    - 無水油性クリーム
  - 無油性クリーム

●油性クリーム：原料は、液状油脂分として植物性油、流動パラフィン、半固体の油脂としてワセリン、ライノリン、固体の油脂では蜜ロウ、固形パラフィン、セレシンが用いられる。そのほか、クリームの性状を向上させるため各種界面活性剤を加えてある。

・含水油性クリーム：油と水からなる乳化性のもので二様に考えられる。すなわち、クリームの過半が油脂分よりなる場合と、その逆の場合である。前者は、原料に使用する各種の油脂分の混合物が固体ないし半固体で、これに水分を加えて全体を柔らかくクリーム状にしたものである。後者は、油脂以外のものでクリームの基礎をつくり、これに多少の油脂を加えたもので、油脂分は全体の半量以下である。含水油性クリームは、塗布してマッサージすると油脂分が肌によく吸収されて栄養となるのみならず、油脂分を多量に含んでいるものは洗顔用として肌の汚垢または化粧分などを除去する効果がある。したがって、マッサージ後に洗い流すと栄養効果がある。コールドクリームやクレンジングクリームと称するものは、大部分この種類に属する。

アーモンドクリームと称するものは、油脂原料の一部にアーモンド油を使用してつくったものである。オリーブ油や椿油などの不乾性油があるにもかかわらず、植物油の中でアーモンド油が使用される理由は、エルゴステリンという物質が含まれているためである。エルゴステリンは紫外線により、皮膚に栄養効果と美肌効果があるビタミンDに変化するからである。

・無水油性クリーム：荒れ止め、または濃化粧に良いものとして用いられる。肌の表面に被膜をつくることによって外気の影響を防いで荒れを防止し、またコールドクリームなどの水分を含む油性クリームと比べ付着力や被覆力の点で優れているからである。しかし、肌に対する浸透力はコールドクリームに比べて劣るため、マッサージには用いない。クレンジングクリームなどの油性の洗顔用クリームとしては十分使用できる。

●無油性クリーム：一般にバニシングクリームと称している。この名前は、英語の「Vanish（消失する）」から由来する。原料は、各種美白材料を水やグリセリンで練ったものが多い。油性クリームを肌に塗布すると、後にべとべとした感じと油の光沢を残すが、無油性クリームはこれらの感じを残さず肌にすっと浸透していく。水やグリセリンの含有量が多いものほどクリームの伸張力が加わるので化粧下地として好適で、荒れ止めの効果も増大する。

市販の美肌クリームの薬効成分としては、シミ、そばかすを防ぐためのアルブチン、コウジ酸、日焼けの火照りを抑えるためのグリチルリチン酸エステル、肌荒れを防ぐためのビタミンE、Cなどが配合されている。シミ、そばかすの原因となるメラニン色素は、紫外線の影響により大量につくられる。これは皮膚のメラノサイトの中にある酵素チロシナーゼの働きが活性するためと考えられている。アルブチンやコウジ酸は、この酵素チロシナーゼの働きを抑える役目をなす。

酒造りを専門にしている杜氏たちは肌がきれいといわれるが、これは酒の発酵液中に酵素チロシナーゼの働きを抑える成分が含まれているためと思われる。実験では、チロシナーゼを分解する成分の存在が確認されている。この分解成分は酒を搾った残り、すなわち酒粕の中にも大量に含まれていて、杜氏の肌がきれいなのは、発酵液に触ったり酒粕に直接触れたりするためだとしても不思議ではない。美肌クリームは高価な薬品を用いなくても、酒粕を原料として簡単につくれる。このほうが、米とコウジが材料のため副作用の心配はまったくない。ただし、酒粕をそのまま使うのではなく、温水に懸濁したものをイースト菌で分解し、そのろ液を用いる。

〈酒粕分解液のつくり方〉

材料：酒粕（一〇グラム）、温水（一〇〇ミリリットル）、イースト菌（一グラム）、コーヒー

フィルター

⑴酒粕を温水に懸濁して、これにイースト菌を加えた後、五〇℃で二四時間放置する。

⑵⑴をフィルターでろ過すると、約八〇ミリリットルの淡黄色の液体が得られる。消毒した清潔なビンに入れ冷蔵庫で保存する。

〈含水油性クリームをつくる実験〉

材料：温度計、ボール、消毒した保存用ビン、攪拌するもの

A　蜜ロウ（一〇グラム）、流動パラフィン（三〇グラム）、固形パラフィン（五グラム）、ワセリン（二〇グラム）、ラノリン（一グラム）

B　酒粕分解液（三〇ミリリットル）、ホウ砂（一グラム）、石鹸水（一ミリリットル、石鹸を水に溶かした水溶液）

ラノリンは薬局で購入可能。

⑴Aを混合して加温し、六〇℃に保つ。

⑵Bを混合して加温し、五〇℃に保つ。

⑵AにBをよく攪拌しながら徐々に加える。攪拌を続けると冷えるにつれて純白のク

リームができあがる。これを消毒した適当な容器に入れて保存する。

〈無油性クリームをつくる実験〉

材料：温度計、ボール、消毒した保存用ビン、撹拌するもの、酒粕分解液（五〇ミリリットル）、ステアリン酸（一〇グラム）、グリセリン（一五グラム）、香料（バラ油など、適量）

ステアリン酸は薬局で購入可能。

(1)酒粕分解液、ステアリン酸、グリセリン、香料を混合し六〇℃で加温する。

(2)(1)を消毒した適当な容器に入れて保存する。室温になれば、使いやすい状態（硬さ）になる。

品質は、室温で半年、冷蔵庫では一年間変質しない。

モニターとして一〇人の男女に、一カ月、朝晩この含水油性クリームを使用してもらった。評価は次のようであった。使用箇所は手の甲である。

・変化はわからない（二二歳女）

・肌の色が薄くなった（四一歳男）

・シミがなくなった気がする（三五歳女）
・美肌効果が感じられた（五五歳女）
・もち肌のようにきれいになった（三一歳女）
・全体的にシミが消えた（四二歳男）
・確かにシミが少なくなった（五六歳女）
・肌全体がきれいになった（五七歳女）
・あまり変化なし（四八歳男）
・シミが薄くなった（六一歳女）

顔のそばかすにももちろん効果は認められたが、美肌を保つには原因となる紫外線から肌を守ることが何よりも大切である。いったんできたシミ、そばかすをなくすのはこの美肌クリームを使ってもかなりの日数を要する。なお、肌に付ける際、傷や湿疹等のある方は医師の指示に従っていただきたい。

（参考図書）香粧品化学、産業図書

写真54　美肌クリームの原料

写真 55　酒粕分解液をつくる

写真 56　ＡとＢを混合してクリームをつくる

絹くずで美肌と水虫予防

絹は、羊毛と同じく動物性繊維で、植物の綿や石油原料の合成繊維とはまったく性質が違っている。動物性繊維の中でもとくに絹は肌になじみが良いといわれ、古来から下着として、またストッキングとしても女性の憧れの的であった。「衣ずれ」という言葉もある。ヨーロッパ人は絹に対する関心が強く、はるばる東洋にまで絹を求めて行商人が往来した。この道が今でもシルクロードとして残っている。

事実、絹の下着を着けると誠に快適である。絹は蚕が出す動物性物質で、肌触り、暖かみ、軽さ、感触、しなやかさのどれをとっても最高の繊維で肌に親しみやすい。絹のパンツをはくとあまりにも肌との触れ合いが良く、当人はパンツをはいているのを忘れ、思わず触って確認したという笑い話もある。

しかも、長く着けていても肌を荒らすどころか、逆に肌を美しくする効果がある。皮膚は、絶えず汗とともに酵素を分泌しているが、これが絹の繊維を分解してフィブロインというアミノ酸を生成する。これらの成分が美肌効果を発揮する。風呂で身体を洗うにしても、絹のタオルを使って洗う方がいっそう効果がある。石鹸を使わなくても、十分皮膚はきれいになり、艶も良くなる。

絹布は高価であるから、絹くずかはき古しの絹のストッキングを丸く成形して、ちょうどスポンジのようにするとよい。これで入浴の度に肌を軽くマッサージすると、皮膚の酵素が絹を分解してフィブロインをはじめとする各種アミノ酸ができ、これらが次第に美肌効果を現す。蚕が人間の皮膚を美しくしてくれるとは思いもつかない。

また、この中に小さな石鹸を入れて使えば、汗の汚れを除くと同時に、酵素分解により肌が美しく若返るという二重の効果が期待できる。

ストッキングの古いものや絹くずを平たくして縫製、成形して靴底敷きにしても面白い効果がある。靴蒸れがなくなり、さらに酵素分解物の薬理作用によって水虫などの予防にもなるので、これはやってみる価値がある。ちなみに、絹の底敷きは洗えば何度でも使用可能である。

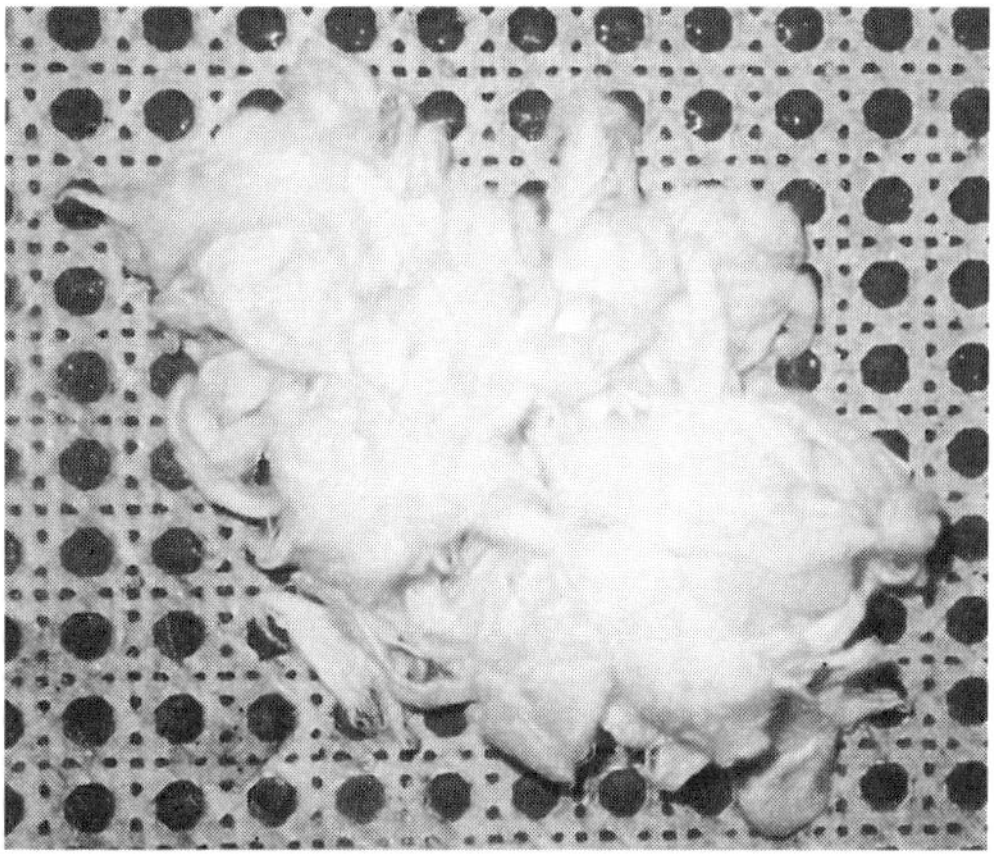

写真 57　絹くずスポンジ

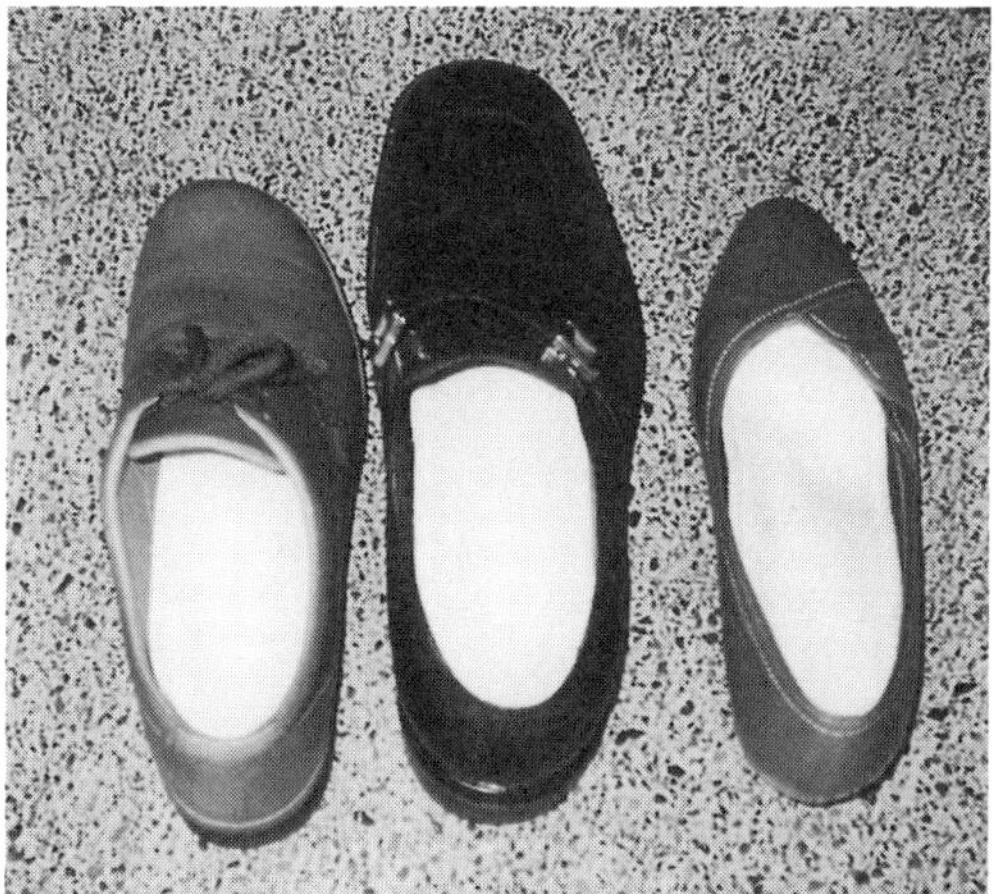

写真 58　絹くずを平らにした靴底敷き

米のとぎ汁から液肥をつくる

無洗米という米が出回っており、TVのCMなどでも目につくようになってきている。米をとがずにそのまま炊けるというので便利であり、評判も良い。給食センターなど一度に大量の飯を必要とする施設や忙しい家庭では、とがずにそのまま炊飯器に米と水を入れただけでご飯になるというのは誠に魅力がある。米をとがずに炊けることは一工程省けて経済効果が大きい。またキャンプなどでも手間が省けて重宝この上ない。

逆に、無洗米を供給する工場では、米に付着したぬかを洗う必要があり、その時に出る大量のとぎ汁の処理に困ることになる。場所によっては、とぎ汁はそのまま流してもそれほど社会問題にはならなかったが、一度に大量のとぎ汁を放流すると、河川や湖沼の富栄養化につながり環境汚染になる。洗米工場で排出されるとぎ汁のBOD(生物学的酸素要求量：biochemical oxygen demand の略。水中の可溶性有機物が微生物によって酸化分解されるときに消費される酸素の量をppm(ピーピーエム)の単位で表したもの)は、一〇、〇〇〇ピーピーエムにもなり、そのまま流すことは禁止されている。少なくとも、二〇ピーピーエム以下にすることが義務づけられているが、その処理工程には莫大な設備がいる。一般には、微生物処理を行ってBODを下げるが、時間とコストがかかり採算に合わない。

米のとぎ汁の成分は、炭水化物、タンパク質、脂肪がほぼ九：三：二の割合で含まれており、これは米の胚芽成分である。胚芽は、芽となって生長する大切な部分であるから、その成分や比率も植物の栄養源として必要なものである。すなわち、米のとぎ汁の成分は、植物の生長に欠くべからざるものを含んだ理想的な肥料として利用できる（表16）。

表 16　米のとぎ汁の成分
（遠心分離後の固形分）
（100 g 当り）

成　分		含有量
水　分		21 g
タンパク質		18 g
脂　質		13 g
糖　質	炭水化物	45 g
繊　維	炭水化物	2 g
灰　分		2 g
カルシウム		30 mg
マグネシウム		300 mg
リ　ン		500 mg
鉄		2 mg
ナトリウム		5 mg
カリウム		300 mg
ビタミン B_1		0.9 mg
ビタミン B_2		0.1 mg
ナイアシン		2 mg

ただし、米のとぎ汁をそのまま植物に与えたのでは吸収効率が悪い。酵素で分解して、炭水化物は糖類に、タンパク質はアミノ酸に、脂質は脂肪酸に変化させれば、優秀な液肥になるはずである。処理に困ったとぎ汁が、酵素分解で有用な液肥に早

表 17　酵素分解後の成分（水分蒸発後）（100 g 当り）

成　分（mg）		成　分（mg）	
イソロイシン	250	パルミチン酸	25
ロイシン	500	ミリスチン酸	10
グルタミン酸	1 000	オレイン酸	15
アスパラギン酸	500	リノール酸	18
プロリン	200	ステアリン酸	5
スレオニン	200	ビタミン類	10
リジン	150	核酸類	2 000
セリン	150	無機質	20 000
グリシン	200	糖　類	25 000

変わりする（表17）。

酵素分解が進行するように最適温度を設定し、炭水化物にはアミラーゼ、タンパク質にはプロテナーゼ、脂質にはリパーゼを作用させればよい。また、米コウジを用いれば同時に分解される。パンクレアチンなども有効な酵素の一つである。温度は三〇～四〇℃、場合によってはリン酸一水素ナトリウムなどの緩衝液を使って分解速度を高める。一例としてパンクレアチンを使った場合を示す。

〈米のとぎ汁から液肥をつくる実験〉

材料：米のとぎ汁（一〇リットル）（BOD一二、〇〇〇ピーピーエム、牛乳ぐらいの白さ）、パンクレアチン酸（〇・五グラム）、リン酸一水素ナトリウム(〇・五グラム)、温度計、ヨウ素—ヨードカリ溶液(精製水〔一〇ミリリットル〕にヨードカリウム〔ヨウ化カリウムKI、二グラム〕を溶かし、そこにヨウ素〔一グラム〕を加えあらかじめつくっておく)

パンクレアチン酸、リン酸一水素ナトリウム、ヨウ素—ヨードカリ溶液は薬局で購入可能。

(1)米のとぎ汁を加熱し、三五℃に保って攪拌しながらパンクレアチンとリン酸一水素ナトリウムを加え約一〇時間保持する(三五℃のまま)。

(2)反応が終了したかは、ヨウ素—ヨードカリ溶液を加えてみる。デンプンが残っていれば紫色になるので、その場合はパンクレアチン酸を加え、再び加熱する。分解後の液は、透明で糖分、アミノ酸、脂肪酸、無機質の豊富な液肥として適したものになる。

この液肥を用いてイチゴ、キウイ、プリンスメロン、ナスを促成栽培した。以下のとおり、優秀な結果が得られた。

・イチゴ

苗　床　土：①堆積土

②上記土壌に当液肥を一重量％混合。

写真 59　米をとぐ

写真 60　とぎ汁の酵素分解液肥

③上記土壌に当液肥を三重量％混合。
栽培期間：平成一二年六月一日～六月二五日は苗床移植
生育条件：人工太陽の促成栽培室で二五℃平均で通常にしたがって生育した。
品　　種：とよのか
結　　果：表18
結　　論：①当液肥により収量が増加した。
②当液肥によりＬサイズが多く、品質も良く、結実が早くなった。
③イチゴの根張りが良くなった。

・プリンスメロン
土　　壌：①赤土無処理。
②当液肥を一重量％混合。
③当液肥を三重量％混合。

表 18　イチゴの生育結果

苗床土	果実の大小	採取　6月15日	採取　6月25日	合　計	対　比
①	L	3	7	10	1
	S	1	3	4	1
②	L	5	11	16	1.6
	S	0	1	1	0.25
③	L	6	12	18	1.8
	S	1	3	4	1

L：10g以上のもの．S：10g未満のもの

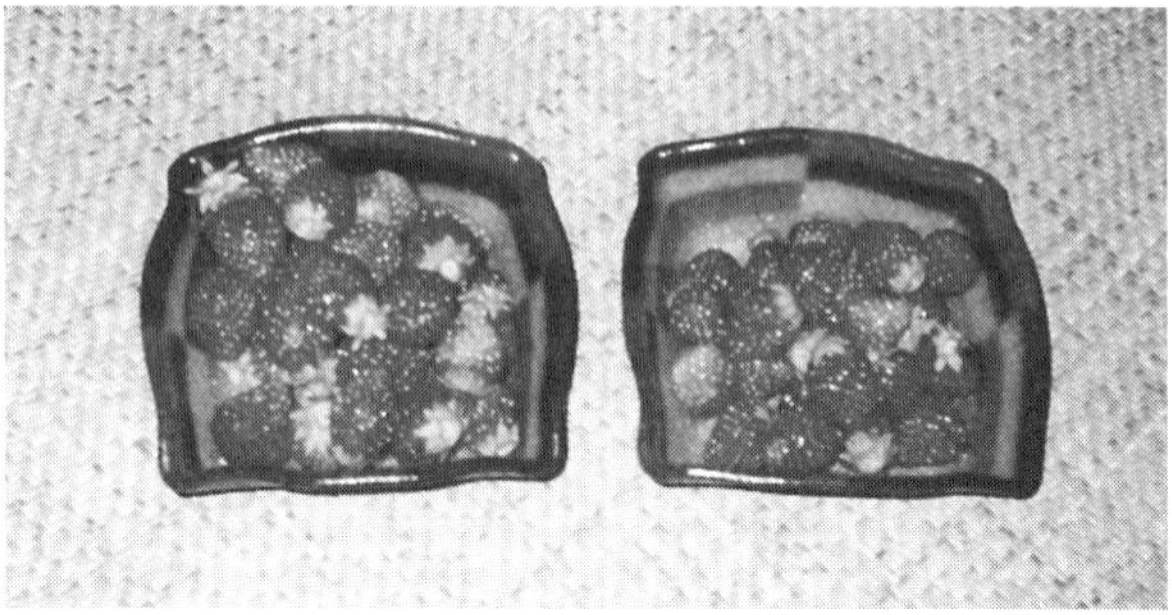

写真 61　イチゴの比較。液肥使用(左)と液肥未使用(右)

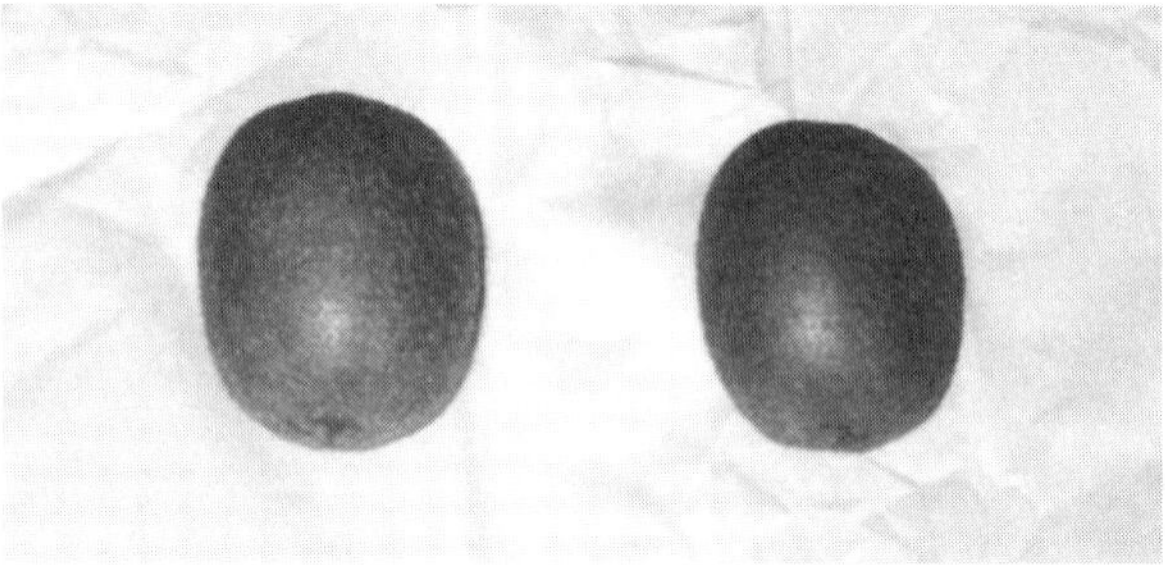

写真 62　キウイの比較。液肥使用(左)と液肥未使用(右)

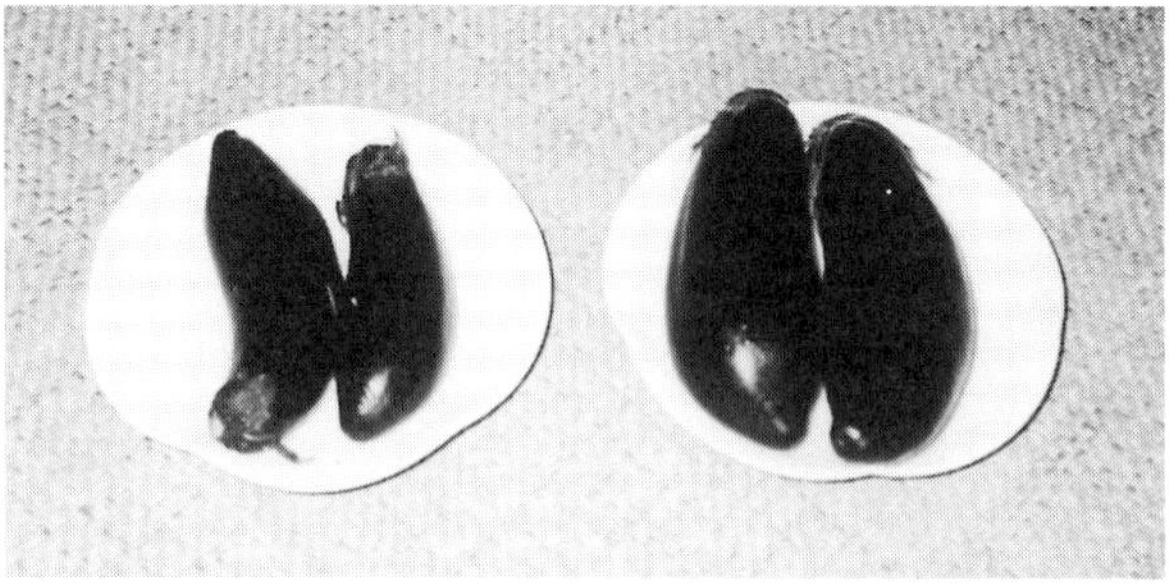

写真 63　ナスの比較。液肥使用(右)と液肥未使用(左)

作土深：一三センチメートル
栽培期間：平成一二年六月一日〜六月二五日
生育条件：糖液肥により糖度が向上した。
結　果：表19
結　論：①当液肥により糖度が向上した。
②当液肥により果実が肥大した。
③当液肥により草勢が強くなった。

・ナス
土　壌：①沖積土無処理。
②当液肥を一重量％混合。
③当液肥を三重量％混合。
栽培期間：平成一二年六月一日〜六月二五日
栽培方法：人工太陽による栽培促成法
収穫日：平成一二年六月二五日

表 19　プリンスメロンの収穫結果

生育土壌	一株当り収量	果実の大きさ，平均	糖度 BX*
①	5 個，2 550 g	510 g	13.0
②	5 個，3 060 g	612 g	15.5
③	6 個，3 190 g	565 g	16.0

* 糖度の表示は屈折計により示すことが多い.
JAS では屈折示度をもって糖度 BX と規定している.

結果：表20

結論：①当液肥により日焼け、石ナス、ボケナスが少なくなった。
②当液肥により収量が増加した。
③当液肥により根張りや草勢が強くなった。

表 20　ナスの収穫結果

土壌	上物	中物	下物	計
①	651	420	318	1 389
②	980	415	320	1 715
③	977	385	330	1 692

単位：kg, 1 アール当り
上物：400～450 g・中物：250～400 g
下物：150～250 g

くり返し使える温熱パットのつくり方

～過冷却現象の利用～

冬季に災害にあったと想定する。思うように物資が手に入らない時に、夜の寒さに耐えるのは苦痛である。このような場合、火も使わず温めてくれるものがあれば、こんなに嬉しいことはない。

これが温熱パットである。燃料も火も使わずかなりの温度になり、そのうえ何回もくり返し利用できる便利さがある。昼間手のすいた時に準備しておき、夜間急に冷えてきた時に押すだけで発熱し、一〇時間近く温度が保てる。

この発熱の原理は次のようである。一般に水にものを溶かす場合、飽和状態なっても熱を加えてやれば溶解度は増す。しかし、これをもとの温度に下げても余分に溶けたものは析出してこないことが多い。もとの温度よりかなり冷やしたり、刺激を与えると急速に析出する。これを過冷却現象というが、この時に多量の熱を出しながら析出する。これを利用したのが温熱パットである。析出が終了したパットは、再度加熱して全体を溶解して、そのまま室温にまで放冷しておけばよい。必要に応じて刺激を与えると、それが引き金となって析出が始まり熱が発生する。

〈温熱パットをつくる実験〉

材料：厚めのビニール袋もしくは清潔な広口のチューブ容器、無水酢酸ナトリウム(五〇グラム)、水道水(五〇ミリリットル)、磁器片

無水酢酸ナトリウムは薬局で購入可能。磁器片は素焼きの破片やレンガのかけら、大き目の砂粒などでよい。

(1)厚みのあるビニール袋に無水酢酸ナトリウムと、同量の水を入れる。同

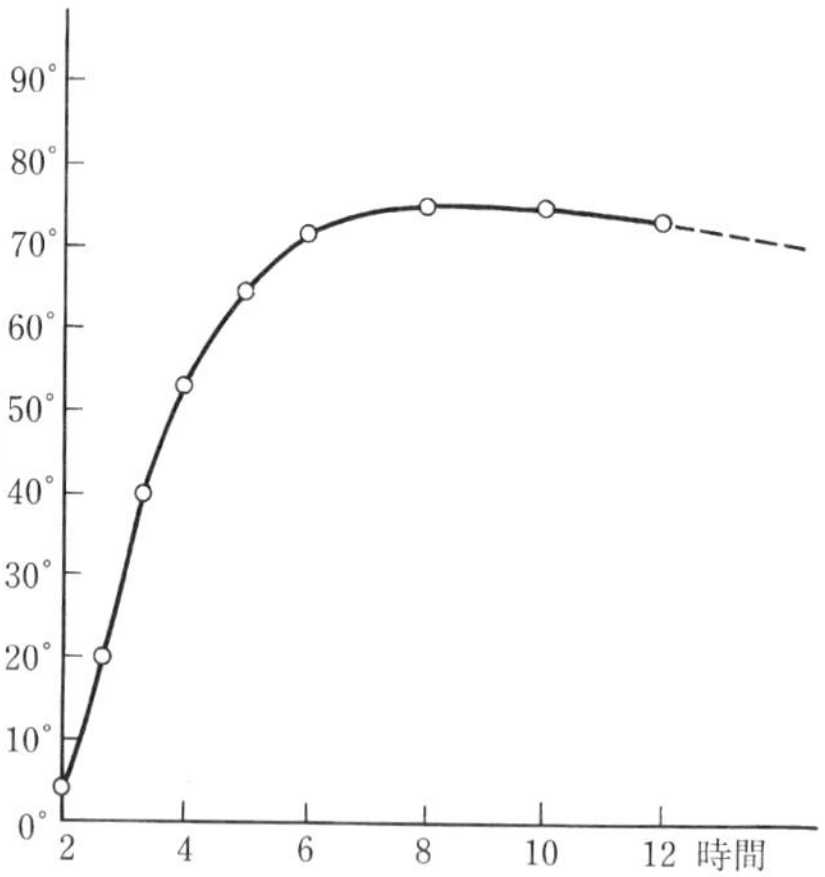

図3　温熱パットの温度上昇

時に小さな磁器の破片を入れておく。

⑵入り口を硬く縛り、液の漏れがないことを確認する。

⑶⑵をお湯の中に入れ、酢酸ナトリウムが完全に溶解するまで加熱し、溶けたら取り出してそのまま室温で放置。これでできあがりである。


必要な時には、ビニール袋の中の磁器の破片を押さえて刺激を与えれば、酢酸ナトリウムの結晶が析出してくると同時に発熱して温度が上がる。タオルにくるんでおけば、適当な温度に長時間保つことができる。発熱が終わって全体が固形化したものを再び加熱して溶液にしておけば随時、加温が必要な時に利用できる。安全でくり返し何回でも利用でき、緊急に加温を必要とする時に便利である。体温の維持、食事時の食品の加温、患部の加温など用途は広い。

写真 64　酢酸ナトリウムを水に加える

写真 65　お湯で加温して完全に溶かす

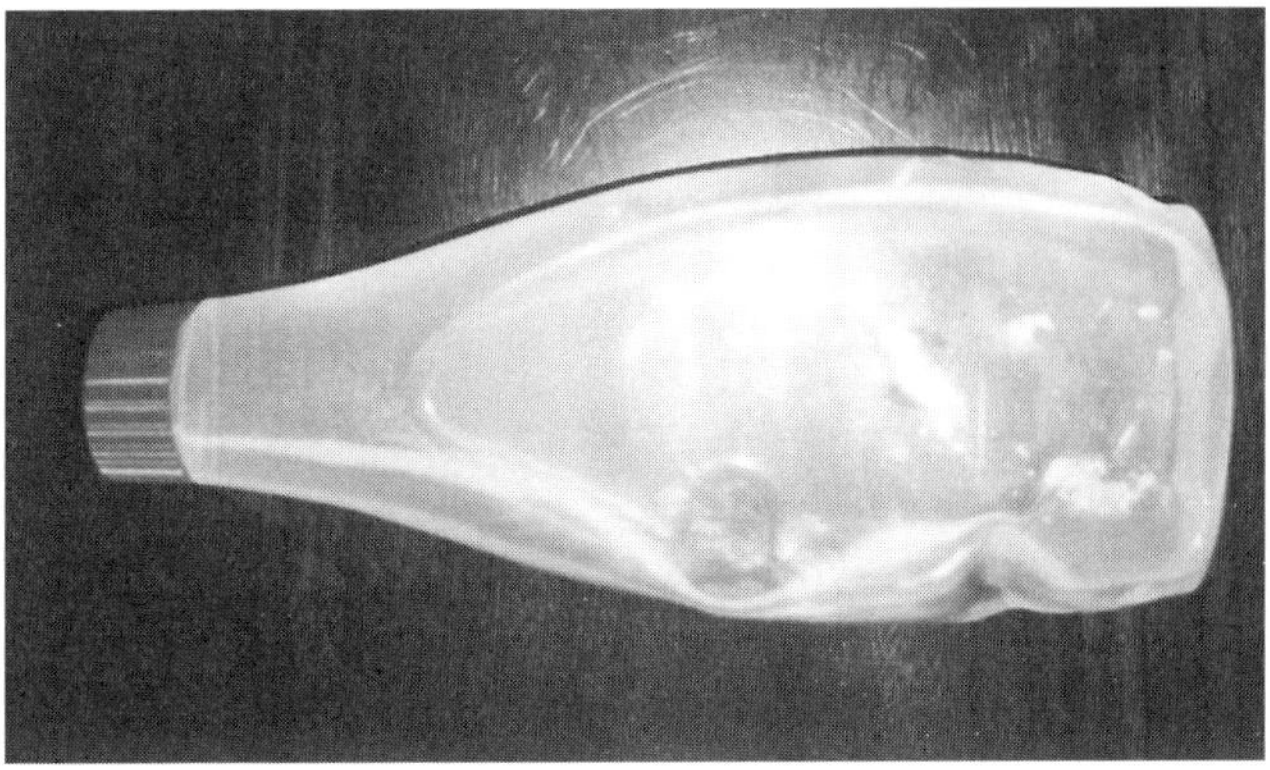

写真 66　金属片とともにチューブ容器に詰める

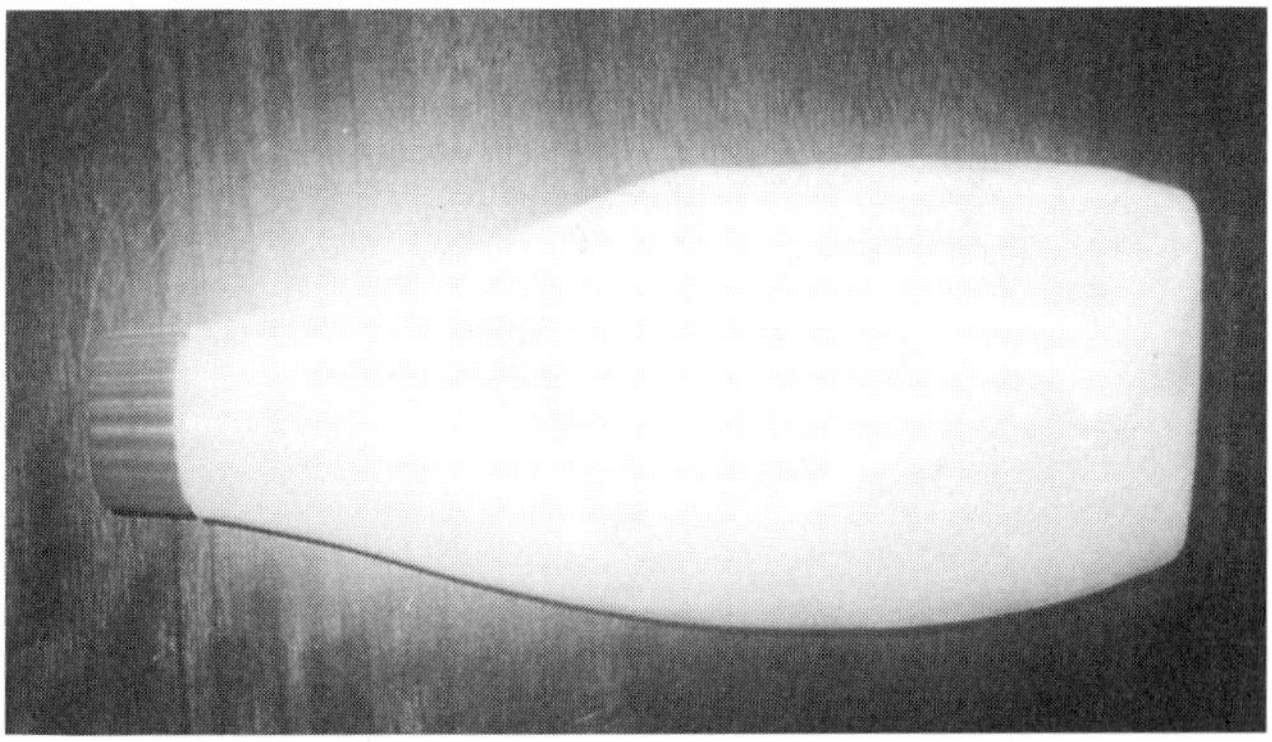

写真 67　金属片に刺激を与えれば，発熱して結晶が折出。チューブ内容物は白濁する

フィルムケースで小型発煙筒をつくる

煙は古くから、信号用ののろしとして利用されていた。信号用としてははなはだ原始的ではあるが、簡便で多くの人の視覚に直接伝えられることが強みであり、今日でも、簡便な通信法として利用されている。災害時に自分の居場所を多くの人に知ってもらう場合、こんなに便利なものはない。災害時のけがで動けず声も出せない場合や、何かの下敷きになった時、救出を求める手段として携帯式の発煙筒は有効な手段の一つである。とくに色のついた煙は有効である。

フィルムケースを利用した小型の発煙筒をつくってみる。発煙筒は、亜鉛の粉末と四塩化炭素を混合したもので、点火すると、塩化亜鉛と炭素のススを生じる。生じた塩化亜鉛は反応熱のためすぐに蒸発し、空気中の水分と反応して白煙となる。しかし、ススが混じっているため実際の煙は灰色に見える。これが発煙筒の原理であるが、実際には亜鉛粉末と四塩化炭素の接触を良くするために、酸化亜鉛や珪藻土を加える。またよく見えるように煙に色をつける場合には、塩素酸カリウムと乳糖を混ぜ、さらに色素を加えたものをあらかじめ入れておけば有色煙が発生する。乳糖の燃焼によって生じる熱のため、色素が蒸発し再び空気中で凝結して有色煙となる。

〈小型発煙筒をつくる実験〉

材料：フィルムケース(一個)、四塩化炭素(一五グラム)、亜鉛粉末(八グラム)、酸化亜鉛(六グラム)、珪藻土(一・五グラム)、硝酸カリウム(三グラム)、硫黄(〇・五グラム)、木炭(〇・五グラム)

四塩化炭素、亜鉛粉末、酸化亜鉛、硝酸カリウム、硫黄は薬局で購入可能。珪藻土はホームセンターで購入可能。

(1)四塩化炭素、亜鉛粉末、酸化亜鉛、珪藻土を混合し、よくこねてフィルムケースに詰める(素手でこねても害はないが、薄手のビニール手袋をして行った方が安全である)。

(2)点火剤をつくる(点火剤は全体量の一〇％)。硝酸カリウム：硫黄：木炭を六：一：一の割合で配合した黒色火薬をティッシュペーパー上に細長く均一に置き、しっかり巻き上げる。

表 21　フィルムケース発煙筒の原料配合割合

成　　分	四塩化炭素	亜鉛末	酸化亜鉛	珪藻土
割合（重量%）	50	25	20	5

写真68　原料をフィルムケースに詰める

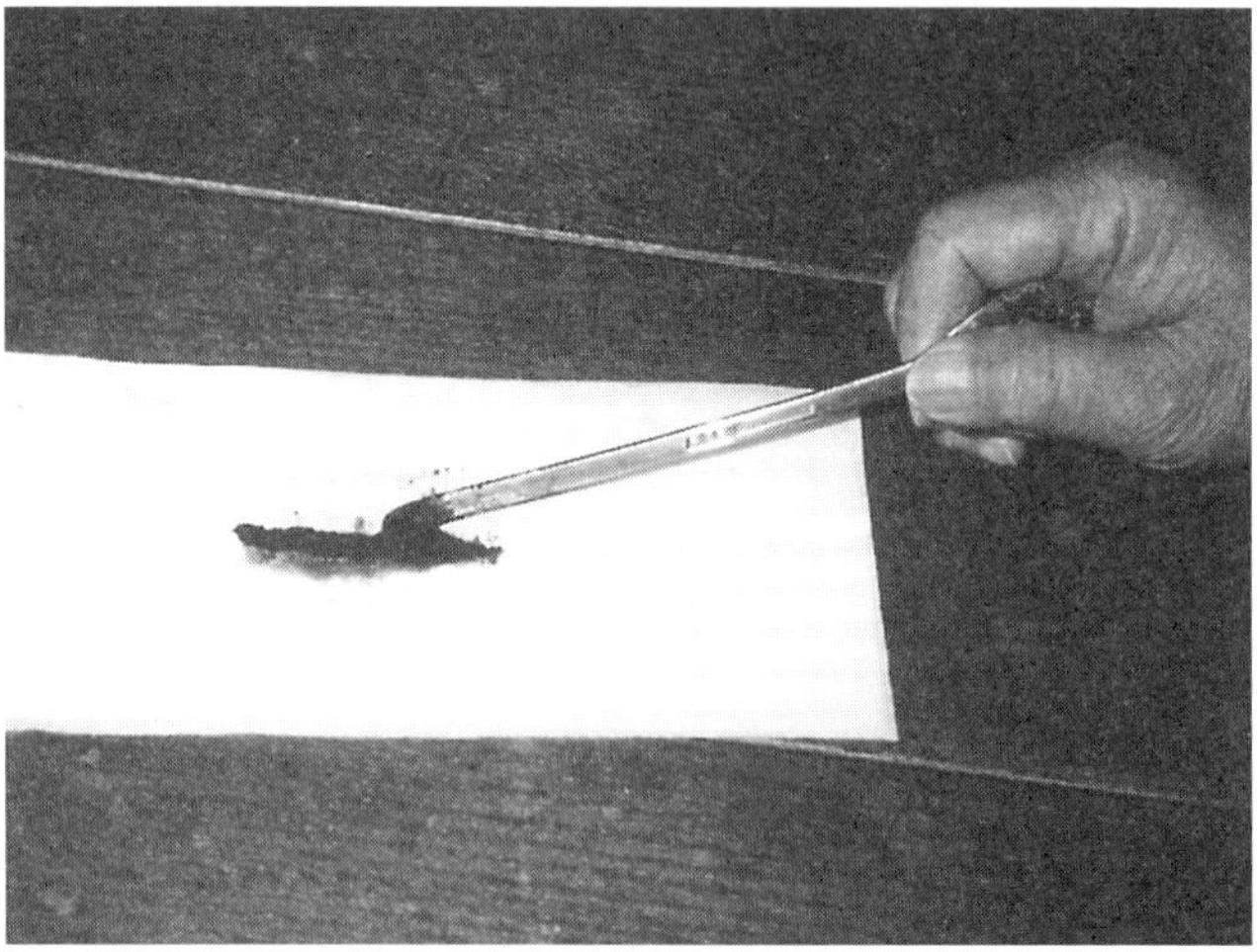

写真69　点火剤をつくる

黒色火薬は、火薬類の中でも比較的安全なもので、刺激や摩擦では発火や爆発はしないが、量は必ず四グラム以下にすること。量が多いと一気に発火して危険である。

(3)点火剤を(1)のフィルムケース中に差し込む。これで、できあがりである。

効果的な赤色煙にしたい場合は、フィルムケースの上部に次の成分の混合物を、ティッシュペーパーなどに包んで詰めておく。パラニトロアニリン六〇%、塩素酸カリウム一〇%、乳糖三〇%の割合のものを、発煙材・点火剤に対して三〇重量%(購入は薬局で注文)。

この発煙筒を点火すれば、灰色または赤みがかった煙が立ちのぼり、救助を待っている人がいることが遠くからでも確認できる。携帯用だから身近に置いておけば、いざというときに役立つことは間違いない。災害時に必要なものの一つである。ちなみにフィルムケース発煙筒の発煙時間は約五分間である。

表 22　赤色煙成分の配合割合

成　分	パラニトロアラニン	乳　糖	塩素酸カリウム
割合（重量%）	60	30	10

オカラで食べられる紙をつくる

紙は、パルプや木の皮などを漉いてつくられるのは周知の事実である。これらはセルロースという植物繊維で、紙は一種の不織布である。山羊などはセルロースを腸で分解できるが、人間には腸の中にセルロース分解を行う菌がいないため分解消化できない。ゆえに紙を食べることはできる。食物繊維は不可能なのである。しかし分解できなくても、口の中で溶けてくれれば食べることはできる。食物繊維は最近のブームで、ダイエットや大腸ガンの予防に良いことがわかっている。なんとか食物繊維の豊富な紙ができないだろうか。しかも、水にすぐ溶けて、無害でなくてはならない。

そこで浮かんできたのがあまり使い途のないオカラから紙をつくる発想である。オカラは豆腐の製造工程からできるもので、年間約八〇万トンも生成されるが、そのほとんどが廃棄物となり、最近は養豚での使用も少ない。しかも、腐敗しやすいため毎日収集しなくてはならない。結局はそれを焼却するわけだが、水分が多いため焼却コストが高くつく。これを利用すればゴミの減量化になり、かつおもしろいものがつくれるのではないだろうか。

〈オカラから和紙をつくる実験〉

材料：オカラ（五〇〇グラム）、複合酵素（リパーゼ、アミラーゼ、プロテナーゼの混合物〈一：一：一の割合がベスト〉一グラム）、リン酸カリウム（三グラム）、布巾、長芋（一〇グラム）、水（一五〇ミリリットル）、細かい金網のついた枠木

アミラーゼ、プロテナーゼ、リン酸カリウムは薬局で購入可能、複合酵素の代替としてパンクレアチンでもよい。

(1)まず容器にオカラを入れ、複合酵素、さらにリン酸カリウムを加える。

(2)四〇℃に保温して二四時間保持。オカラの中の糖分、タンパク質、脂肪などが分解される。分解に際しては脂肪を完全になくすことが重要で、不十分だと油臭が残る。それだけ脂肪分解酵素の役目は大きい。複合酵素としてはパンクレアチンが入手しやすく安価である。

表 24　オカラの酵素分解物の成分（%）

	オカラ	野菜くず
水　分	1	3
タンパク質	1	0
脂　質	1	2
糖　質	2	1
繊　維	95	93
灰　分	0	1

表 23　オカラの成分（%）

	オカラ	野菜くず
水　分	82	70
タンパク質	4	3
脂　質	3	1
糖　質	5	17
繊　維	4	3
灰　分	2	6

(3)(2)を布巾の中に入れて絞って分解物を流し出すと、オカラの重量の三％が白い固形物として残る。これがオカラの中の繊維分である。非常に細かい繊維分であるから、見た目には粉末状で無味無臭である。

(4)ここから紙をつくるには、接着剤としていわゆる練りを加えなければならない。繊維分だけでは紙にならないのである。それには長芋など粘りのあるものを加えるとよい。(3)のオカラ分解物乾燥粉末を一〇倍量の水に分散し、これに数％の長芋のとろろを加える。

(5)和紙を漉く要領で漉けば紙状のものができる。

(6)(5)をそのまま乾燥すれば、溶けてしかも食べられる紙のできあがりである。原料はオカラだからもちろん害はない。水に溶けるのは粉末が水に分散するからである。

紙にしたものは、カップラーメンの薬味紙やお茶漬け海苔の袋などに使える。いずれも破らずにお湯をかければ分散して溶けてしまう。また冷凍食品の仕切にも使える。加熱すると蒸気で溶けるからである。すしなどの「ばらん」にも使える。それごと食べてしまえるので廃棄しなくても良い。食物繊維だからダイエットにも良い。

写真 70　原料のオカラ

写真 71　オカラを酵素分解する

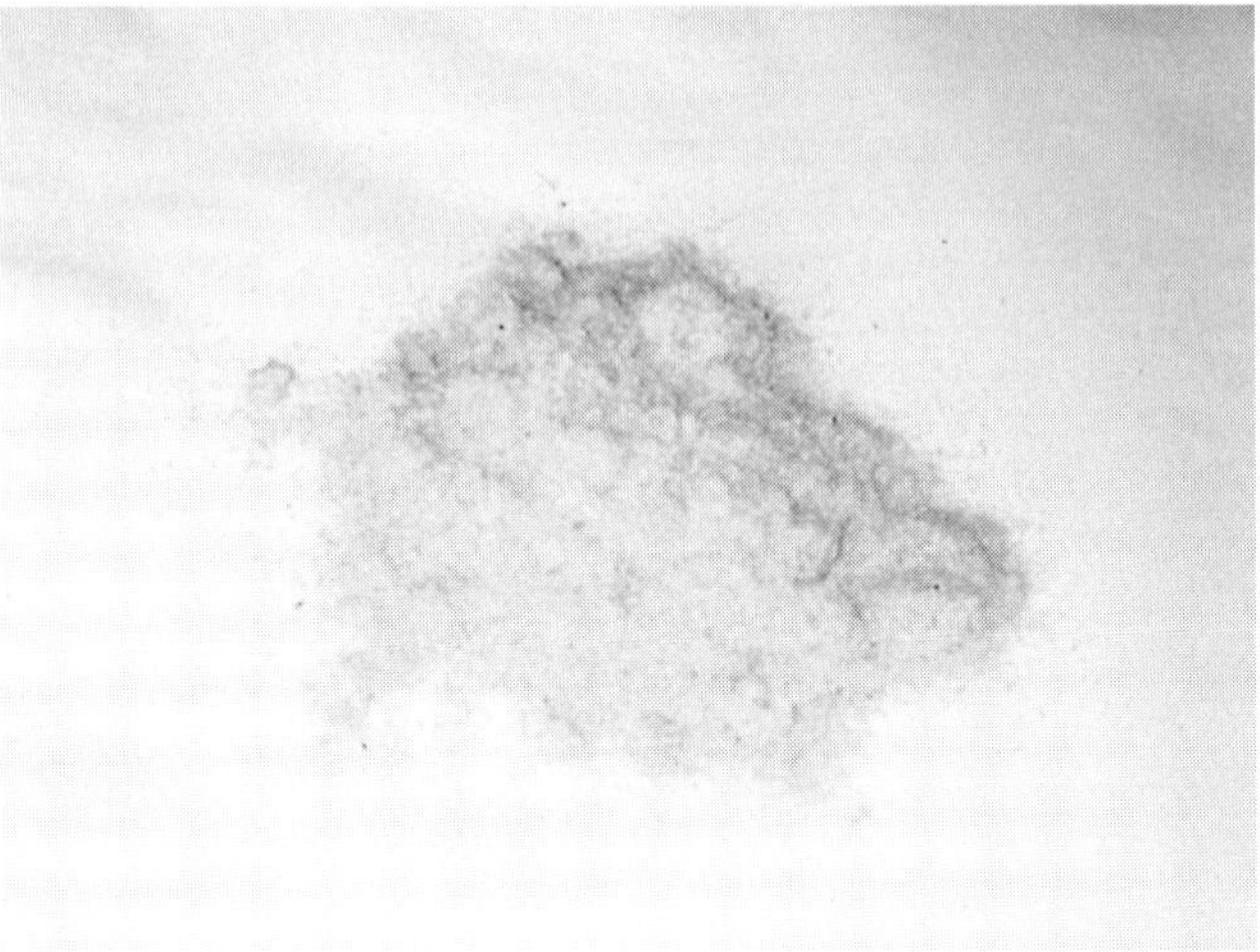

写真 72　オカラの分解残渣

写真 73　紙に漉く

この紙を加熱加圧すると、ちょうどオブラートのようになり医薬品のカプセルにもなる。糖尿病の人なども、これは栄養価がないから好都合である。

写真 74　オカラ繊維とオカラ製の紙

家庭でつくれる簡単・経済的な食品鮮度保持剤

～お茶の出し殻の利用～

一般に青果物の成熟は、それ自体が生成するエチレンによって引き起こされる。さらに成熟した青果物は、大量のエチレンを発生し、次第に変色、軟化し腐敗する。したがってこれらを新鮮に保つには、エチレンを吸収する物質を利用すればよい。この目的のためには高価なゼオライトやパラジウム化合物が用いられてきた。また活性炭も使われるがあまり効果は期待できない。

お茶の出し殻には気体を吸収する性質があり、古来から悪臭防止などに利用されてきた。お茶の出し殻をつかった鮮度保持剤は次のようにしてつくる。

〈鮮度保持剤をつくる実験〉

材料：お茶の出し殻（適量）、ポリ袋

(1) まず出し殻の水分を十分にきった後、自然乾燥する。

(2)電子レンジで加熱乾燥する(水分含量が一〇%以下、手で触ってパラパラになる程度)。
(3)乾燥した出し殻は、水分や気体を吸収しないようにポリエチレンなどの適当な気密性の袋に入れて保存する。
(4)保持剤として使う時は、この乾燥出し殻を紙、布、不織布などの通気性のある袋に入れる。量は、青果物一キログラム当り五〇グラム程度が適当。

ミカンについての実験では、茶出し殻五グラムをポリエチレン袋に入れ、新鮮なミカン三個と一緒に密閉し室温に放置した。比較のため、同じく活性炭五グラムを入れたものと保持剤なしのものとを用意し、同じ条件で鮮度効果を観察した。茶出し殻を入れたミカンは一カ月後も特別の変化は見られなかったが、何も入れないものは二〇日目には退色が始まり、一カ月後には完全に腐敗した。活性炭入りのものでも一カ月後には表面にカビが発生した(表25)。

トマトも同じように実験した。トマト三個(約六〇〇グラム)に茶出し殻二〇グラムを入れた後、活性炭二〇グラムを入れた袋、入れない袋でそれぞれ鮮度を観察した。入れない袋では、一カ月後にカビが発生し、四〇日目には腐敗した。活性炭入りの袋では一カ月で

表 25　ミカンの鮮度

日数＼保持剤	茶出し殻入り	活性炭入り	活性炭なし
10	変化なし	変化なし	変化なし
20	表面が軟化	退色する	退色著しい
25	退色なし	退色著しい	カビの発生
30	退色なし	カビの発生	腐　敗

表 26　トマトの鮮度

日数＼保持剤	茶出し殻入り	活性炭入り	活性炭なし
15	変化なし	変化なし	表面に縮み
25	変化なし	表面が乾燥	縮みが拡大
30	表面が乾燥	しなびてくる	カビの発生
40	しなびてくる	カビの発生	腐　敗

表 27　ニンジンの鮮度

日数＼保持剤	茶出し殻入り	活性炭入り	活性炭なし
15	変化なし	変化なし	劣化始まる
25	変化なし	変化なし	カビ発生
40	変化なし	劣化始まる	腐　敗
65	つやがなくなる	カビ発生	腐　敗

しなびてくるだけだが、同時にカビが発生した。これとは逆に茶出し殻入りの袋のトマトでは、一カ月後でも表面が乾燥する程度で特別の変化は見られなかった（表26）。

ニンジンは長持ちするものの一つであるが、それでも保持剤なしのものでは二五日目でカビが発生し、四〇日目には腐敗した。ニンジン三本に活性炭一〇グラムを入れた袋では六五日後にようやくカビの発生が確認できた。茶出し殻を一〇グラム入れた袋では六五日目でツヤがなくなる程度で、明らかに鮮度保持効果がある（表27）。

家庭で毎日出る茶の出し殻を自然乾燥した後、電子レンジで数分加熱するだけで素晴らしい効果のある青果物用保持剤ができる。安価で手軽に利用でき、かつ安全な鮮度保持方法である。

携帯に便利なカード状食品をつくる

カード食品とは、糊剤からなるペースト形成材料に食品類が混和されて、シート状やフィルム状、またはカード状に形成された、保存や携帯に便利で必要時に手軽にもとに戻すことができるものをいう。したがって乾燥状態も重要で、水分含量を一五％以下に調節する必要がある。

元来、カード食品に類似したものには、湯葉、海苔、スルメなどがあり、糊剤を使ったものの原料としてはコンニャク、大豆タンパク、プルランなどが使われてきた。カード食品の必須条件は、刺身コンニャクやスライスチーズなどのような自然食品の食感と同様な舌触りがあり、風味良好で、そのまま、または簡単に使えることである。

ペースト形成材料は、いろいろあるがコンニャクゼリーはコンニャク粉一グラムに対して水三〇グラムを加えて撹拌しながら約一時間、膨潤させたものである。ゼラチン、グルテン、アルギン酸ナトリウムなどであれば市販のものをそのまま用いる。これらのペースト形成材料の配合割合により果実類、野菜類、鳥獣魚肉類、嗜好類までカード食品にできる。

これらカード食品はそのままでも食べられるが、保存目的や携帯用のため味が濃厚である。また、湿気の少ない状態でなら一年以上は変質しない。

〈リンゴカード食品をつくる実験〉

材料：リンゴ濃縮ジュース（二〇〇グラム）、コンニャクゼリー（一〇グラム）、ゼラチン（五グラム）、グルテン（一〇グラム）、アルギン酸ナトリウム（二グラム）、砂糖（一〇グラム）

グルテン、アルギン酸ナトリウムは薬局で購入可能。

表 28　カード食品配合表（重量表示）

割合 / カード食品	主原料 (g)	コンニャクゼリー	ゼラチン	グルテン	アルギン酸ナトリウム	砂糖	水	その他
リンゴ食品	リンゴ濃縮ジュース 200	10	5	10	2	10	—	—
コーヒー食品	インスタント粉 5	10	10	10	2	15	100	粉ミルク 3
ニンジン食品	ニンジン破砕物 100	5	5	2	2	—	100	パーム油 2
紅茶食品	紅茶乾燥粉末 10	50	5	—	2	100	50	—
ビーフ食品	挽き肉 10	5	5	10	1	—	10	醤油 3

⑴リンゴ濃縮ジュース、コンニャクゼリー、ゼラチン、グルテン、アルギン酸ナトリウム、砂糖を混ぜ合わせ撹拌しながら弱火で加熱し、ペースト状にする。

⑵これを熱いうちに平らな容器に流し込み放冷する。

⑶固化したら取り出し、適当な大きさに切り分ける。


〈コーヒーカード食品をつくる実験〉

材料：インスタントコーヒー（五グラム）、コンニャクゼリー（一〇グラム）、ゼラチン（一〇グラム）、グルテン（一〇グラム）、アルギン酸ナトリウム（二グラム）、水（一〇〇ミリリットル）、パーム油（二グラム）、砂糖（一五グラム）

パーム油は薬局に注文すれば購入可能。


⑴インスタントコーヒー、コンニャクゼリー、ゼラチン、グルテン、アルギン酸ナトリウム、水、パーム油、砂糖を均一になるまでゆっくり加熱し、ペースト状にする。

⑵⑴を平らな容器に流し込み、放冷する。

⑶固化したら取り出し、熱風乾燥して切り分ける。水分含量一五％程度になれば理想的なカード食品になる。

〈紅茶カード食品をつくる実験〉

材料：紅茶乾燥粉末（一〇グラム）、コンニャクゼリー（五〇グラム）、ゼラチン（五グラム）、砂糖（一〇〇グラム）、水（五〇ミリリットル）、アルギン酸ナトリウム（二グラム）

(1)紅茶乾燥粉末、コンニャクゼリー、ゼラチン、砂糖、水、アルギン酸ナトリウムを混ぜ合わせ撹拌しながら加熱し、ペースト状にする。この時にブランデー（一〇ミリリットルほど）を加えると、風味がいっそう良くなる。

(2)平らな容器に入れ放冷する。

(3)固化したら取り出し、自然乾燥して切り分ける。

〈ビーフのカード食品をつくる実験〉

材料：牛挽肉（一〇グラム）、コンニャクゼリー（五グラム）、ゼラチン（五グラム）、グルテン（一〇グラム）、水（一〇ミリリットル）、醬油（三グラム）、アルギン酸ナトリウム（一グラム）

(1)牛挽肉、コンニャクゼリー、ゼラチン、グルテン、水、醬油、アルギン酸ナトリウムをよく混ぜ合わせ弱火で加熱し、ペースト状にする。

(2) (1)を平らな容器に入れ放冷する。

(3) 固化したら取り出し、熱風乾燥して水分が一〇%程度(プラスチック板のような感じ)になるようにする。これを適当な大きさに切り分ける。

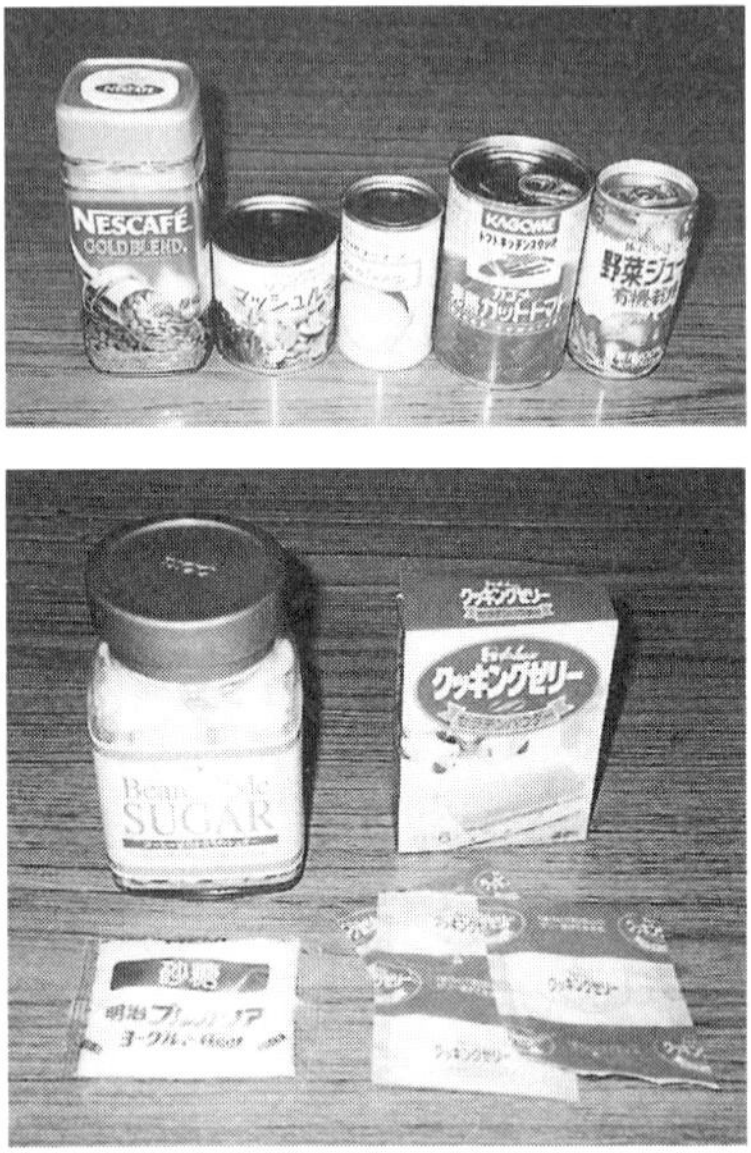

写真 75　原料。自分の好きな材料でつくってみる(上), ペースト形成材料(下)

写真 76　カード食品(ビーフ)

写真 77　材料を混合して加熱する

写真 78　薄型容器に入れて放冷する

紙オムツの原理
～吸水性高分子の実験～

ポリアクリル酸のように親水基(カルボン酸)をもった高分子は、その体積の約一〇倍ほどの水を吸って膨潤する。これを吸水性高分子と称し、紙オムツの他、植物の根の保水材、砂漠での緑化の土づくりなどに用いられる。

紙オムツをつくるために使われる方法は懸濁重合といい、粒状重合とか、生成したものの形状から真珠状重合(パール重合)などとも呼ばれている。原料を溶液中に油滴状に分散させて重合する方法である。溶媒としては、原料、生成物の両方に対して不溶性であることが必要で、必ずしも水のみとは限らない。重合の触媒は、一般に原料に可溶性で水に溶けないものがよい。この反応は、原則的に原料の可溶性触媒によって行われる。

原料としては、沸点の高いものがよく、撹拌を十分に行う必要がある。そのため、分散剤として界面活性剤を用いることが多い。すなわち、紙オムツのような粒状重合を行うためには、かき混ぜて原料を油滴状に分散させると同時に、この油滴が合一しないために油滴表面を粒状安定剤で覆う必要がある。これには炭酸カルシウムなどの無機質粉末やゼラチン、アルギン酸、デンプンなどの有機質のものを使用する。そのほか、粒子が付着しないようにしたり、原料と水との比重を近似させるための添加物、油滴の表面張力を増大する物質などを添加する。生成物の形状は、真円を理想とする。生成したものの粒子の直径は、広範囲に加減できるが、通常〇・一〜五・〇ミリメートルぐらいである。

ここで得られる吸水性高分子の特徴は、形態上取り扱いやすいもので、しかも重合度が高く純度の優れたものができることである。概要は次のとおりである。

① 原料‥溶液に溶けないものが望ましい。
② 開始剤‥原料に溶けて水に溶けないもの（重合を引き起こす触媒作用のある物質を開始剤という）。
③ そのほかの添加剤‥水と界面活性剤のための分散剤。
④ 撹拌‥できる限り激しく撹拌する。
⑤ 温度の調節‥比較的容易にできる。
⑥ 反応速度‥非常に速くすぐに終わる。
⑦ 生成物の分子量‥きわめて大きい。

⑧生成物の形状：真珠状（パール状）または微小粒子状に分散する。
⑨生成物の分離：加圧または減圧、または普通のろ過。

水に溶ける紙オムツの原料は、安いアクリル酸が適している。溶液には四塩化炭素と水、それに水層の分散を良くするための市販の分散剤スパン83を使う。これは、市販の界面活性剤ほど親水性が高くなく、ちょうど良い分散剤である。開始剤には入手しやすい過酸化ベンゾイルを用いて、激しく撹拌を行えば性能の良い紙オムツができる。

〈吸水性高分子をつくる実験〉

材料：ビーカー（五〇〇ミリリットル）、アクリル酸（一〇グラム）、水酸化ナトリウム（五〇グラム）、水（三〇ミリリットル）、ビーカー（一〇〇ミリリットル）、過酸化ベンゾイル（〇・一グラム）、分散剤スパン83（一・〇グラム）、四塩化炭素（三〇ミリリットル）、ガラス棒、ろ紙、

アクリル酸、水酸化ナトリウム、過酸化ベンゾイル、分散剤スパン83は薬局に注文すれば購入可能。

(1) 五〇〇ミリリットルビーカーに水を入れ、アクリル酸、水酸化ナトリウムを溶かす。
(2) 一〇〇ミリリットルビーカーに四塩化炭素を入れ、過酸化ベンゾイル、分散剤スパ

ン83を溶かしておく。
(3) (1)と(2)の両液を混ぜると同時に、激しくガラス棒で撹拌する。かき混ぜると水が乳化していくのがわかる。
(4) 少し弱火で加熱すると、この水が高分子によって白い粒に変化し、ビーカーの壁に付着するようになる。
(5) 約三〇分撹拌を続けるとビーカーの中は透明な寒天状になる。その状態になったら、ビーカーの壁に付いた白色生成物をガラス棒でかき落とし沈殿させる。
(6) 沈殿物をこぼさないよう注意しながら溶液のみをビーカーから捨てる。
(7) 残った沈殿物を数枚重ねたろ紙の上へ載せ、ろ紙を挟んでドライヤーで乾燥する。約一〇グラムの白い樹脂様物質が得られる。

これが紙オムツの素材であるが、吸水性を調べるために二〇ミリリットルビーカーに得られた生成物二グラムを入れ、上から一〇ミリリットルの水を加え放置する。次第に膨潤し始めて、約一〇分でビーカーから溢れ出るのが観察できる。約一〇倍の水を吸収したことになり、紙おむつの吸水性や水に分散・乳化している様子が理解できる。ここで得られたものを、市販の吸水性製品（生理用品、紙オムツなど）と比較しても性能のひけはとらない。

写真 79　アクリル酸（右）と開始剤（左）

写真 80　両方を混合してかき混ぜると白い沈殿物が生じる

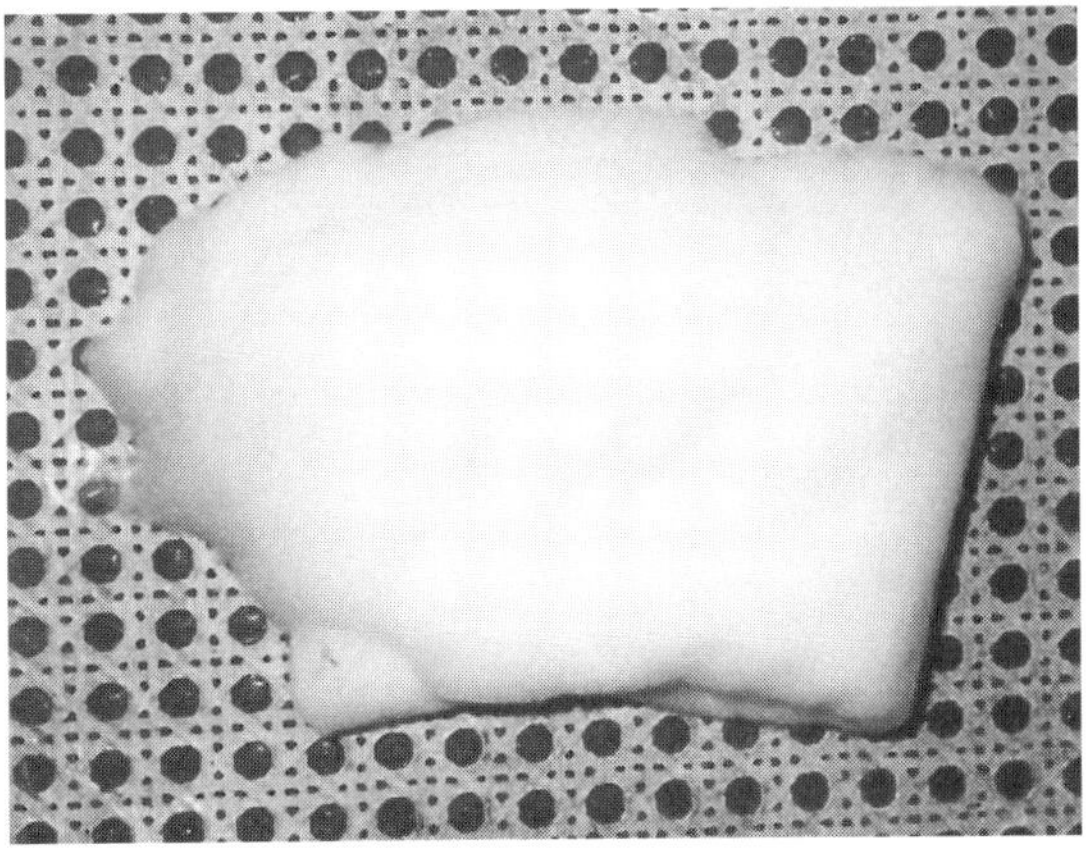

写真 81　水を切って乾燥してできあがり

写真 82　生成物を水に加えると膨潤する

透明石鹸をつくる

廃食油を利用した石鹸づくりが広がっている。河川や湖沼の水の汚染の原因が家庭から出される生活排水によるところがおおきいといわれるなか、油を流さずにすみ、しかも石鹸ができるという一石二鳥なところが好評である。食用油の原料は、海外から安く輸入され、溶剤を使って化学的に油分のみを抽出し、それに酸化防止剤を添加したものが安く出回るようになった。そのため、食用油の消費量は増加の一途をたどり、それにつれて廃油の処理に困ることになった。そこで、天ぷら廃油などから石鹸をつくるという運動が、環境保全団体などを中心に広まっていった。

しかし、手づくり石鹸も気軽に簡単にというわけではない。廃油を高温で加熱し、劇薬でもある苛性ソーダを使い、時間をかけて撹拌するという危険な作業でもある。しかも、できたものは市販品のものと比べるとどうも見劣りがする。いかにも子供じみて、人様にプレゼントできるような品ではない。上手にできたとしても、まるでプリンのようなぷわぷわしたものになってしまう。もっと個性のある、市販品に見劣りのしない素晴らしいものができないだろうか。ちなみに、これまでの廃油石鹸のつくり方は次のとおりである。

①一日目の作業：廃油を缶に入れ、残りご飯を加え（反応を進みやすくさせ、余分な苛性ソーダを分解し洗浄力が増すなどの効果がある）、火にかけ八〇℃ぐらいに加熱する。次に苛性ソーダを加えるとボコボコと泡が立ち始める。熱湯を少しずつ加えると激しく反応する。反応がおさまったらよく混ぜて、そのまま放置する。

②数日後の作業：熱湯を加えて粘りが出るまでくり返しよく撹拌する。そのまま放置しておくと、数週間後に手づくり石鹸ができあがる。

この手づくり石鹸は着色した、臭いのする練り状のもので、プリン石鹸とも呼ばれる。しかし、少し工夫することによって、透明石鹸という見栄えのする個性的なものがつくれ、これは市販品と遜色なく使うことができる。その操作を次に示す。

〈透明石鹸をつくる実験〉

材料：耐熱性ガラスボール、ヒマシ油（一二五ミリリットル）、牛脂（五五グラム）、ヤシ油（五〇ミリリットル）、苛性ソーダ（一七グラム）、エタノール（六五ミリリットル）、ガラス棒、ショ糖（六〇グラム）、水道水（六〇ミリリットル）、香料、軍手苛性ソーダ、エタノール、ショ糖、ヒマシ油、ヤシ油は薬局に注文すればで購入可能。

(1)ガラスボールに油脂(全部)を入れ、苛性ソーダ、水とエタノールを加える(安全のため、このとき軍手をはめて行う)。

苛性ソーダは、強アルカリで金属類に対して腐食作用がある。人体に対しても皮膚を侵すばかりでなく、目に微量でも入れば失明となる。使用時は、化学的知識のある実験指導者のもと、細心の注意を払って行い使用後は十分に水洗いを心がけること。

(2)ゆっくりと弱火で加熱しながらガラス棒でかき混ぜる。五五℃を超えると液体の表面が白くなり泡が出始める。全体が透明になってきたら微粉末のショ糖、または乳鉢で砕いたものを少しずつかき混ぜながら加える。温度は約六〇℃で行い、要する時間は約三〇分である。香料も加える。

(3)これを適当な大きさの容器に注ぎ、ゆっくりと温度を下げる。できれば四〇〜五〇℃で数時間保ってから室温に戻した方が、透明度の高いものができる。得られたものは透明感のある白色石鹸である。

原料の一部に天ぷら廃油を使ってもよい。さらに、水ガラスをごくわずか加えると、より透明感のあるものができる。また、好みの香料を入れてもよい。
手づくり石鹸を主婦六人に使用してもらったところ、次のような感想を得た。
・入浴に使っているが泡立ちが良い。
・洗顔に用いているが清潔感がありさわやかな気分になる。
・自然品なので安心して子供たちにも使わせている。
・アトピー性体質なので市販品は使えないが、この手づくり透明石鹸は使えた。
・肌がつるつるして、とても気分が良い。つい使いたくなる。
・天ぷら廃油からこんな石鹸ができるとは思わなかった。環境保全にも役立つと考えると嬉しくなる。

なお、肌に傷や湿疹等異常のある方は、医師の指示に従っていただきたい。

写真 83　原料

写真 84　耐熱性ガラスボールで加熱しながら撹拌する

写真 85　香料を加えた後，別の容器に移し放冷する

写真 86　固まったら取り出し，適当な大きさに切ってできあがり

抗菌剤入りペーパータオルをつくる

昨今、カビや細菌を寄せつけない抗菌製品がブームとなっている。下着、カーペット、靴下など繊維製品からプラスチックや金属製の文房具、ＯＡ機器、電話、バス用品、冷蔵庫、トイレ、台所用品など抗菌剤入り商品は日常の暮らしの中に急速に浸透してきている。

抗菌作用とは、「薬剤や生理活性物質によりカビや細菌などの生育を阻害する作用」をいう。細かくいえば、抗菌作用は殺菌と制菌に分かれる。殺菌は文字どおり菌を殺してその数を減らしてしまう作用で、制菌は菌はいてもいいがそれ以上増殖させないよう抑える作用をいう。つまり、理想の抗菌は、カビや細菌が急速に死滅する殺菌的な強い作用をもつのではなく、それらが付着しても増殖しないか、低いレベルで抑えられている状態が良い。

病気や災害など緊急時のものとして、抗菌製品ほど役立つものはないかもしれない。その一つが抗菌剤入りペーパータオルである。緊急時には長い期間にわたって入浴ができないことが多い。水はもちろん、浴槽もままならない。こんな時、清潔好きの日本人は入浴できないことに精神的に参ってしまう。身体を清潔に保つことは、緊急時において生活・

精神面で大切なことであるとともに、衛生的かつ健康な生活を維持するための最低の条件である。単に濡れたタオルで体を拭くだけでは満足せず、多少の不潔感が残る人も多いだろう。事実、それだけでは皮膚に付着している細菌は除かれないし、衛生的にもあまり効果はない。とはいっても、殺菌剤の入ったタオルで体を拭けば、作用が強すぎ、かえって皮膚に良くない。皮膚の一部が赤くなったり、時にはただれることもある。とくに乳幼児には危険である。そこで細菌の繁殖を抑える程度の抗菌作用のあるタオルを使えば、入浴と同じ程度に身体を良好な衛生状態に保てる。

さて、抗菌剤として適当なのは天然素材であるキトサンであろう。キトサンは、カニやエビの殻のキチンを加水分解したもので、副作用はなく(ただし、アレルギー体質の方や皮膚に傷や湿疹など異常のある方は医師の指示に従っていただきたい)、量は豊富にあり適度の抗菌作用がある。このキトサンの微粉末とアルコール(保存剤)を合わせる。ペーパータオル素材としては、紙オムツなどが安くて使いやすい。アルコール溶液には三五度の焼酎などが手頃である。消毒作用もあり体を拭くにはちょうど良いアルコール濃度で、アルコールの蒸発作用により爽快感もあり満足できるだろう。

〈抗菌剤入りペーパータオルをつくる実験〉

材料：アルコール（一〇〇ミリリットル。焼酎など三五度くらいのものを用意、薬局で売っているアルコールは強すぎるので使用しない方がよい）、キトサン（三グラム）、幼児用紙オムツ（一回分）、ガラス棒、保存用ビニール袋

キトサンは薬局で注文すれば購入可能。

(1)まずアルコールにキトサンを加え、よく攪拌して分散させておく。

(2)紙オムツにこのキトサンアルコール液をまんべんなく均等に振りかける。適度の湿り気のある状態になる。これで完了である。

これを用いて体を拭けば、抗菌作用で全身が清潔に保て、しかもアルコールの蒸散効果により入浴したと同様の満足感が得られる。試作品は、ビニール袋に入れ密閉しておけば何年でも保存可能で、いつでも使用可能になる。緊急時には必要なものの一つである。快適で衛生的な生活環境を維持するためにも常に身近に置いておきたい。

写真 87　アルコールにキトサンを分散させる

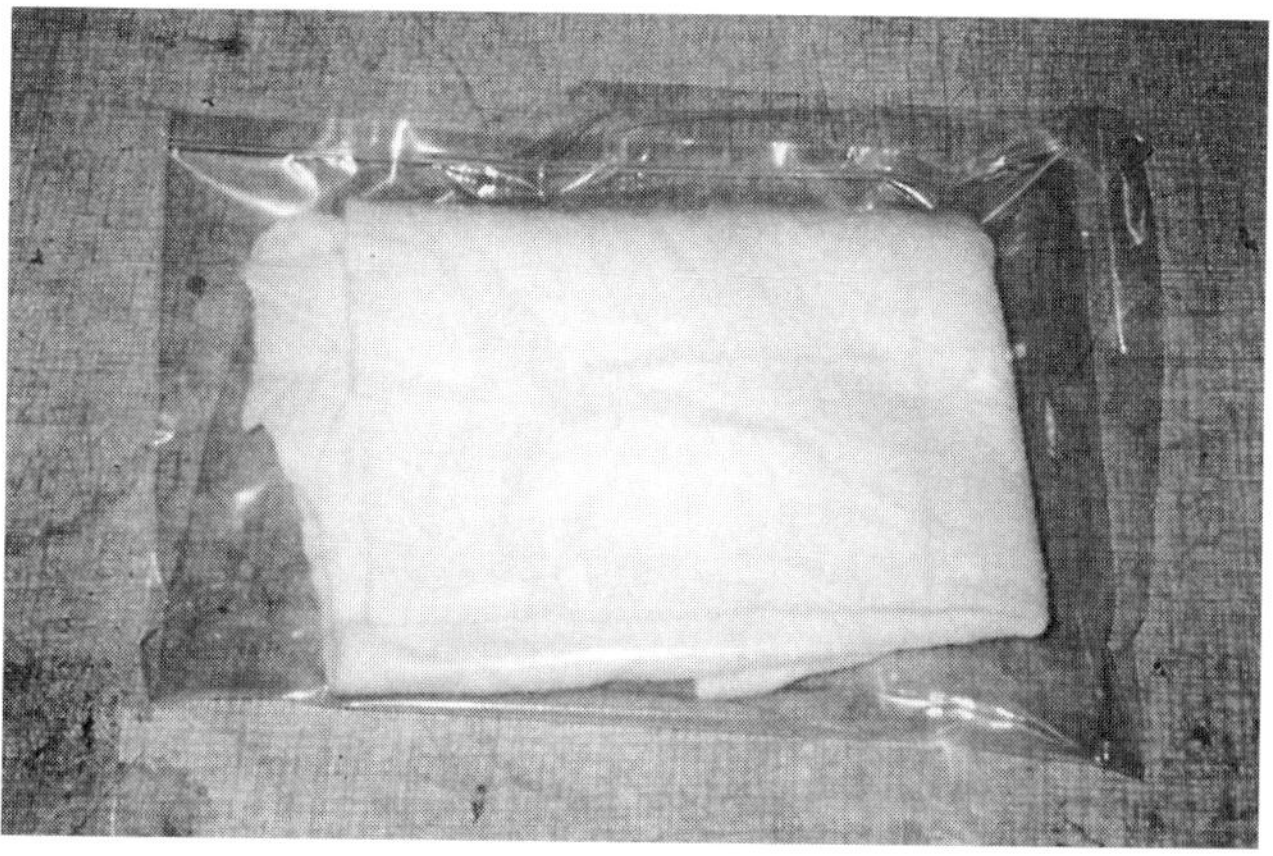

写真 88　ビニール袋で保存

スクラブ石鹸をつくる

昆布の加工品で、最も多量にくずが出るのが「とろろ昆布」をつくる時である。とろろ昆布は主に大阪付近で加工され、多くの種類がある。一般的な加工方法は、昆布の厚葉のものを選び、数分間酢に漬けて柔らかくした後に荒削りして表面の汚れを取り除く。これにまた酢を塗り、のこぎり刃のある包丁で表面を薄く削り葉の芯の白い部分が現れてきたらやめる。この黒とろろを削り去ったものが「白抜昆布」である。「白抜昆布」を黒とろろと同様に削ったのが「白とろろ昆布」となる。いずれにせよ、この製造過程には多量の昆布くずが出る。ごく一部は食用にもなるが、表面に汚れのついたものは処理に困る。

代表的な海藻である昆布の成分には、**表29**に示すように有用成分が多い。昆布くずが食用には無理としても、その成分は化粧用に最適なものが多い。それも石鹸の一部として利用すれば、アルカリ分解するため肌に優しい作用を与える。たとえば、一三％含まれているタンパク質が加水分解してできたアミノ酸には、グルタミン酸、アスパラギン酸、メチオニン、グリシン、セリンが多く、いずれも皮膚に良い刺激を与える。皮膚に及ぼすアミノ酸の効果については、最近各方面から興味がもたれ一部が解明されている。皮膚の角質層は、肌の最上部にあって下部の保護作用、酸やアルカリの緩衝作用、細菌に対する防御作用、呼吸作用など種々の作用をもつ。このほか、水分の蒸発、保持などの調節作用も営んでいる。角質層はケラチン五八％、リポイド一五％などからできているが、柔軟性に富んでいるのはケラチンを構成しているグルタミン酸、セリンなどが含有水分を適当な量に維持調節しているからである。すなわち、アミノ酸が皮膚に対して重要な役割を果たしていることがわかる。

表 29　昆布加工くずの成分

（100 g 当り）

成分		含有量（g）
粗繊維		11.2
粗タンパク質		13.0
アルギン酸		30.6
親油性物質	脂肪	0.75
	クロロフィル	0.30
	カロチン	0.15
	ステリン	0.08
	ポリフェノール	0.04
糖類	マンニトール	20.8
	フコイダン	2.2
	ラミナラン	1.3
水溶性物質	アミノ酸	1.7
	有機酸	2.0
	水溶性ビタミン	—
ミネラル		15.9
合計		100.0

実際に昆布くずを用いてスクラブ石鹸をつくるには次のようにする。ここでスクラブとは「こする」、「洗浄する」、「除去する」という意味で、昆布くずを入れることにより、普通の石鹸にはない肌の洗浄や活性化、老化防止の効果が

期待できる。
昆布くず入りスクラブ石鹸は数％程度の濃度の溶液で表面張力により、まず皮膚と汚れの間に浸透し、さらに汚れや油分そのものにも浸潤し、次いでこれらの汚れは石鹸自身および昆布くず分解物の作用により肌から剥離する。その際スクラブ（こする）の機械的作用によりいっそう効果は高まり肌に良好な作用を与える。この場合、汚れや油分は石鹸と昆布分解液により膨潤崩壊して微細になり水中に分散懸濁する。

〈スクラブ石鹸Ａをつくる実験〉

材料：油脂（ヤシ油（一四〇ミリリットル）、ヒマシ油（一四ミリリットル）、牛脂（四六ミリリットル））、昆布くず（一五グラム）、食塩（四〇グラム）

昆布くずはスーパーや、専門店などで購入可能。

(1)適当な大きさの容器に油脂類と昆布くずを入れ、撹拌しながら加熱する。
(2)(1)を八〇～九〇℃で一時間ほど保持し（加水分解される）、糊状にする。
(3)(2)に食塩を添加する。塩の濃度が適当なところになると糊状純石鹸と塩水の二層に分離する。この状態では、昆布の石鹸はまだ三〇％程度の水分を含んでいる。下層の塩類溶液は不純物が多いので除去し、上層の糊状石鹸を五〜六時間放冷する(このとき好きな型に入れる)。

〈スクラブ石鹸Bをつくる実験〉

材料：油脂(ヤシ油(一一〇ミリリットル)、ヒマシ油(二二一ミリリットル)、牛脂(六八ミリリットル)、昆布くず(二五グラム)、水酸化ナトリウム溶液(精製水(四五ミリリットル)に水酸化ナトリウム(二五グラム)を加えあらかじめつくっておく)、エタノール(八〇ミリリットル)、砂糖(四〇グラム)

(1)適当な大きさの容器に油脂類と昆布くず、水酸化ナトリウム水溶液とエタノールを加え撹拌しながら加熱する。

(2)六〇℃を超えると白い泡が発生し液全体が透明になるので、砂糖を少しずつ加える。

(3)(2)をこの温度のまま一時間ほど保持してから、五〜六時間放冷する(このとき好きな型に入れる)。

スクラブ石鹸Aは、洗浄力と殺菌力が優れているが、肌に対するスクラブ性が強すぎ

写真 89　昆布くずと原料

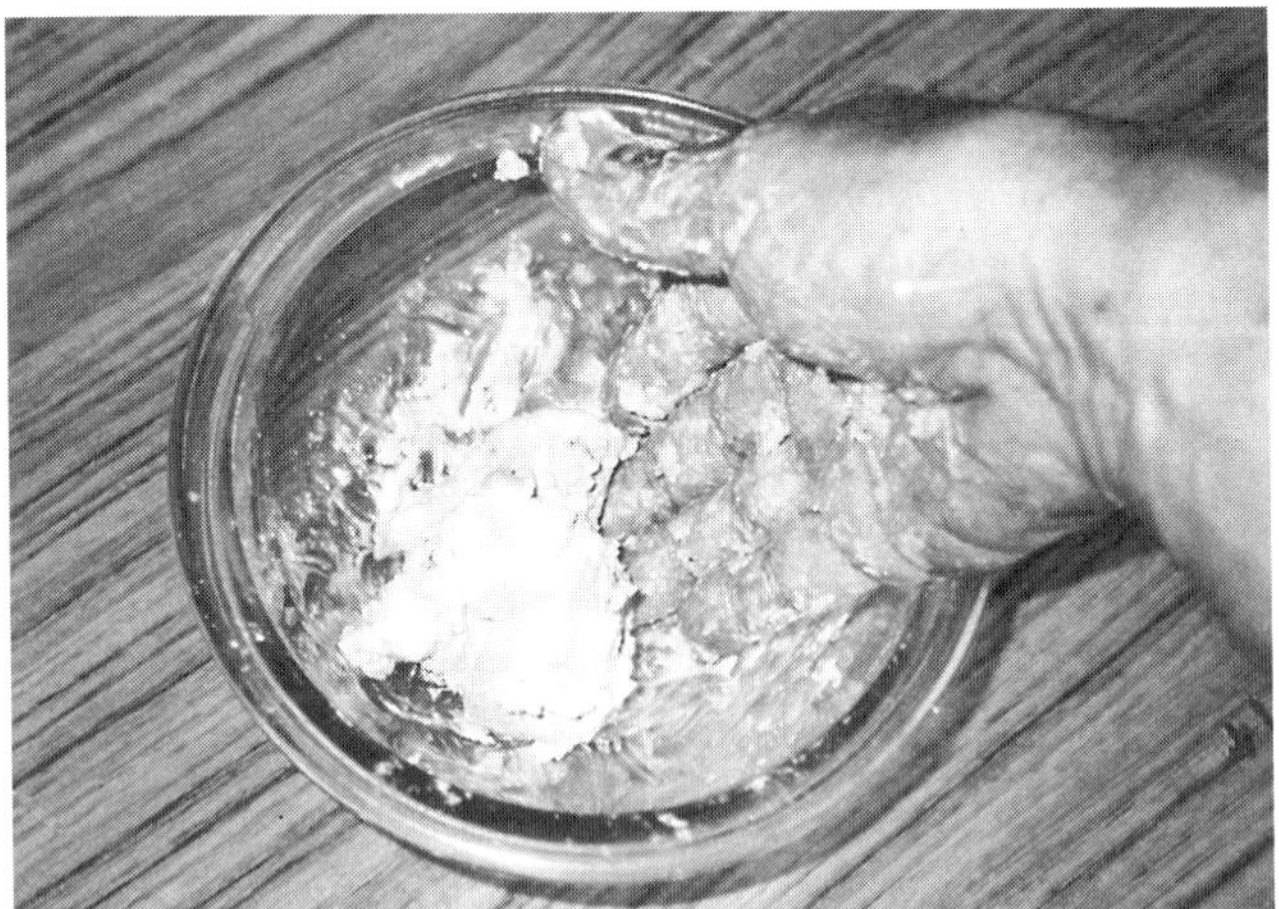

写真 90　放冷して取り出したら形を整えて完成

る可能性がある。スクラブ石鹸Ｂは、保水性がよく、肌に優しく、かつ肌に栄養分を与える。スクラブ性はＡより劣る。

そのほか表30、31のようにスクラブ石鹸Ｃ～Ｅもある。つくり方は、スクラブ石鹸Ｂと同じである。性質は表31のとおりである。

なお、肌に傷や湿疹等異常のある方は、医師の指示に従っていただきたい。

表 30　スクラブ石鹸の配合表（g）

成分	C	D	E
昆布加工くず	10	15	20
ヤシ油	50	45	40
ヒマシ油	5	5	5
牛脂	30	25	30
水酸化ナトリウム	10	12	15
粒砂糖	20	15	20
水	45	40	40
エタノール	30	25	25

表 31　スクラブ石鹸の性質

性質	C	D	E
洗浄力	A	A	B
保水性	A	A	A
殺菌力	B	B	A
美肌効果	B	A	A
栄養付加力	A	A	A
分解力	A	B	C

通常の石鹸と比べて，Ａ：優れる，Ｂ：普通，Ｃ：劣る

紙や木の葉に金メッキする

～無電解メッキの実験～

Q：メッキの原理は電気分解だと思っていましたが、紙や木の葉のように電気を通さないものにでもメッキができるのでしょうか？　そうしますと、メッキとは、どう定義したらよいのでしょうか？

A：メッキは長い間、装飾や防食という目的のために大きな役割を担ってきました。現在においても、防食のためのメッキは、過酷な腐食環境において、いかに鋼板の上に耐食性のあるメッキを施すことができるかが重要課題です。ところが、ここ数年前から装飾や防食を目的としたメッキに対して、メッキ膜を機械的、電気的、磁気的、熱的、光学的、化学的などの目的、すなわちメッキ膜を機能的に利用しようという動きが起きています。これらのメッキを機能メッキと呼んでいます。これが新しい成膜技術や表面改良技術として注目されているようになってきています。

ところで、ここで述べてきたメッキとは湿式メッキを指します。広い意味でメッキという言葉を使う時は、乾式メッキも含まれることになります。メッキ法をわかりやすく分類すると、次表のようになります。乾式法には、物理的蒸着法と化学的蒸着法があり、湿式法は電気メッキと無電解メッキに分けられます。この無電解メッキを使えば、紙にでも木の葉にでも金メッキができるのです。

- メッキ法
  - 湿式メッキ法
    - 電気メッキ法→電気分解を利用して、金属薄膜で被覆する。
    - 無電解メッキ（化学メッキ）法→材料表面の接触作用による還元を利用して金属薄膜で被覆する。
  - 乾式メッキ法
    - 物理的蒸着法→金属を溶融して真空で蒸着する。
    - 化学的蒸着法→化学反応で生成する金属を、気相状態で蒸着被覆する。

Ｑ：なるほど、ではその無電解メッキをもう少し詳しく教えてください。

Ａ：無電解メッキは、外部電源によらず溶液中に含まれている還元剤によって金属イオンを還元して析出させるメッキ法です。その意味からすれば、銀鏡反応〔銀イオンが還元されて銀メッキ（銀鏡）が形成される反応〕なども無電解メッキということになりますね。電気を使わないから紙や木の葉にでもメッキができるわけです。無電解メッキの特徴は電気メッキと比較すると次のようになります。

① 非導電体、すなわち紙や木の葉の表面に金属を析出させることができる。

② メッキ液に触れるところであれば、どのような形状の表面にも均一の厚さで析出する。これが、電気メッキと比較した時の最大の利点である。

③ 硬度の高いメッキが得られる。

④ 装置が簡単である。

Q：良いことばかりですね。では実際どうやって紙や木の葉に金メッキするのですか?

A：手順をまとめたものを紹介しましょう。

材料：塩化金(一グラム)、精製水(四五〇ミリリットル)、界面活性剤水溶液(一五〇ミリリットル、台所用洗剤を使う。濃縮タイプは精製水で薄めてから使用)、次亜リン酸ナトリウム水溶液(精製水(九〇ミリリットル)に次亜リン酸ナトリウム(一〇グラム)を加えあらかじめ

表 32　無電解金メッキ液の例

塩化金	5〜7 g/L
次亜リン酸ナトリウム	2〜5 g/L
界面活性剤	3〜6 g/L
EDTA *	20 g/L
水酸化ナトリウム	2〜4 g/L
pH	11〜12
安定剤 **	若干

温度 70℃，析出速度 2〜3 μm/時間

* エチレンジアミンテトラアセテート

** ゼラチン，カゼインなど

つくっておく）木の葉や紙など金メッキしたいもの

塩化金、次亜リン酸ナトリウムは薬局で注文すればで購入可能。

(1)塩化金を精製水（二〇〇ミリリットル）に溶かし、これに界面活性剤水溶液を加えた後、次亜リン酸ナトリウム水溶液を混合する（ここで還元される）。

(2)しばらくすると、塩化金の微粒子は界面活性剤で安定化されてコロイド状態になり、その結果、透明な液体の金ヒドロゾル（きわめて微細な金粒子が水中に一様に分散した状態）が得られる。

(3)紙や木の葉をこの金のヒドロゾルに浸漬させ（乾いた紙や木は五～一〇分、

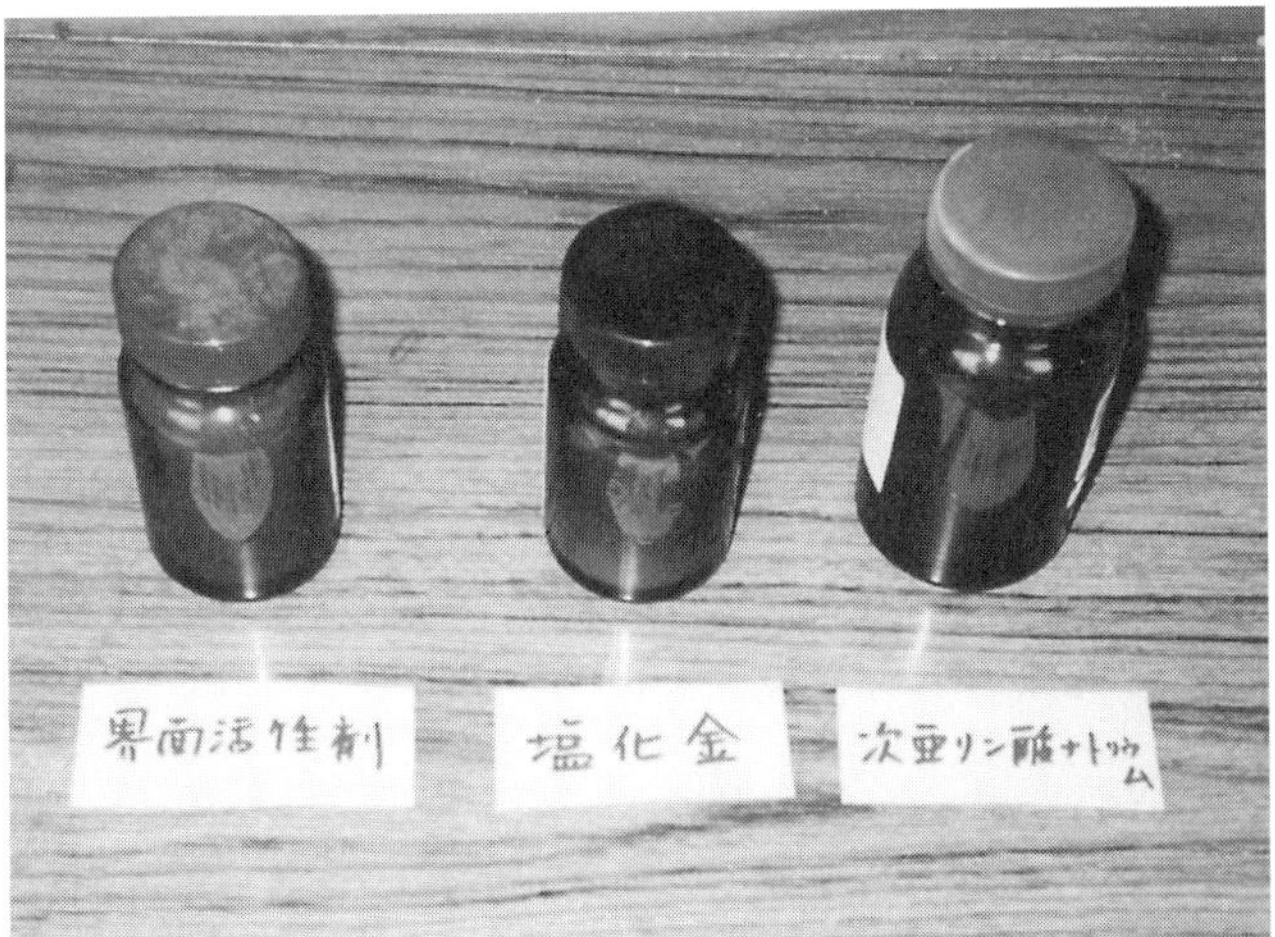

写真91　原料

湿気のある葉などは二〇〜三〇分程度)、紙や木の葉を構成するセルロース繊維の表面に金コロイドを吸着させる。
(4) (3)を精製水(一二五ミリリットル)で水洗いし、再び無電解メッキ液に浸漬してからもう一度残りの精製水で水洗いして乾燥すれば完成である。

Q:想像していたより簡単ですね。ところで、どんな使い途があるのですか?
A:装飾や防食には最高ですし、しかも紙や木の葉の金メッキには意外性もあります。部分メッキすれば、メッキされた部分は導電性を示し、非メッキ部分は絶縁性のまま残ります。金メッキ紙のこうした特徴を生かして、電磁波シールド材や面発熱体などに使われているのです。身近には、ラブレターや慶事の招待などにいかがでしょうか。盆栽や木の葉に金メッキすれば、花咲爺さんの気分になるでしょう。野草が金色に変わるのですから、おとぎの国のような話になります。
Q:無電解金メッキには応用範囲が広くてまだまだ夢がふくらみますね。

金アマルガムをつかって金メッキの実験

「錬金術」は、古代エジプトに起こり、アラビアを経てヨーロッパに伝わり一世を風靡した。これは、卑金属（大気中では酸化されやすく、水分、二酸化炭素などに浸されやすい金属のこと）に術を施し金などの貴金属に変えようと試みる技術のことで、中世までヨーロッパ各地で行われた。簡単に手に入る金属を加工して金をつくり出そうと、哲学者や僧侶までが実験をくりかえしていた。錬金術師がもてはやされた時代で、一攫千金を夢見ていた時代でもある。彼らは、金をつくり出せる不思議な作用をもつ薬があるに違いないと考え、これに「哲人の石」という名をつけ、この哲人の石をつくり出そうと苦心した。哲人の石は、不老不死の薬にもなると考えて、これをつくろうと多くの努力が払われたがいずれも不成功に終わった。現代の科学からすれば金は一つの元素であるから、ほかの物質から金をつくることは不可能とわかっているが、当時の学問ではそこまで明らかでなかったので、さまざまな実験を行い多くの人々が努力した。ヨーロッパでは約一、五〇〇年もの間、錬金術が盛んであった。中国でも、不老不死の薬を得ようとしたり、砂を練って金をつくろうという術もあって、これは「練丹術」といっていた。

結局、金をつくることはできなかったが、多くの実験をしている間に思わぬ副産物として、ものの物性の解明や新しい技術の開発につながった。その科学的な経験に意義があったのである。

「メッキが剥げる」という言葉がある。インチキがばれて本性が現れるという意味であるが、金メッキも上手にやれば本物と見分けがつかなくなる。この技術が現代の錬金術といえるのかもしれない。

メッキ法にはいろいろあるが、アマルガムメッキ法は最も単純で古代から行われてきた。約四〇〇℃に加熱して水銀を蒸発させ黄金色を出す（水銀は蒸発し、金が残る）。この現象による発色効果が、電気メッキには出せない柔らかく美しい黄金色を呈するのである。現代の金工作家もこの色を好み、今でもこの方法によるメッキ法を行っている。

そして、金メッキを手軽に行うにはこのアマルガムを使って銅に施すのが便利である。アマルガムとは、水銀と金や銀との合金のことで、鉄、白金、マンガン、コバルト、ニッケル以外の金属との間にできる。たとえば、金アマルガムを銅板などにこすりつけ、加熱して水銀を蒸発させれば銅板に金の薄膜、つまり金メッキができる。

現在行われている方法では、金と水銀の割合が一：一〇である。過剰な水銀はしぼり、耳たぶくらいの柔らかさのアマルガムが最良とされる。銅板一、〇〇〇平方センチメートルを美しい黄金色にするには金が四グラム必要である。しぼられた水銀は、硝酸水銀などに使用している。

〈金メッキを施す実験〉

非常に重要な注意点として、当実験を行うにあたっては必ず、化学知識を持った実験指導者の指示のもと行うこと。

希塩酸は、直接蒸気を吸入すると急性肺気腫を起こしたり、慢性中毒に陥ることがあり、非常に危険である。十分注意して取り扱い願いたい。

また、水銀は、水俣病でも知られているように、経口はもちろん、呼吸を通しても体内に入り、肝臓、腎臓、骨などに蓄積されて中毒を起こす。水銀は、常に密閉しておき使用の際、絶対に水銀蒸気は吸入しないようにする。床に落とした場合は、実験指導者の指示に従って速やかに密閉容器に回収すること。

材料：水銀（五〇グラム）、金箔（高価なので〇・五グラム程でよい）、割り箸、ゲーム用コインなどで銅製のもの、サンドペーパー、ベンジン（適量）、希塩酸（二〇ミリリットル）、小皿、綿棒、丸底フラスコ、ゴム栓（フラスコに合うもの。あらかじめ三〇センチメートルくらいのガラス管を通しておく）

水銀、希塩酸は薬局で注文すれば購入可能。

(1)ゲームコインを細かいサンドペーパーで磨き、サビがあれば、キレイに取る。

(2)ベンジンで表面の油分をふき取る。次いでこれをごく薄い希塩酸に浸し表面の酸化物を取り去る。十分水洗いしてきれいにする。これを手の油が付かないようにしてティッシュペーパーで水分をふき取る。

(3)金アマルガムをつくる。小皿の上に小豆粒大の水銀をとる。これに市販の金箔数枚を乗せ、割り箸で押さえ込むように水銀の中に入れ混ぜると金箔は水銀に溶けて金アマルガムができる。

(4)(2)のコインを(3)の金アマルガムの皿に入れ、綿棒で金アマルガムをこすり付ける。数分でコインの表面は銀色になる。

(5)(4)のコインをピンセットで丸底フラスコに入れ、ガラス管の付いたゴム栓を装着し、ゆっくりと加熱する。

(6)加熱するにつれ、ガラス管やフラスコの上部に水銀の小さな粒が見えてくる。同時にフラスコの中の銅貨は銀色から美しい金色に変わってくる。水銀の粒の発生が止まったら放冷し、注意してピンセットで取り出す。

(7)フラスコの上部やガラス管に付着した水銀は軽くたたいて試薬ビンに戻す。

得られた金メッキコインは、希塩酸や希硫酸に浸して変化のないことを確かめてみる。また、接着性をみるために爪でこすったり、2H、3Hの鉛筆で傷をつけてみる。さらに金箔、電解メッキ金、本物の金貨と色合いを比較する。金箔のようにギラギラしない柔らかい色であることがわかる。銅コイン以外にも銅板や導線、青銅器、亜鉛、すずなどに金アマルガムメッキを試すと良い。

この実験では次のような感想を得た。

・銅線に金メッキしたが、曲げたらメッキが剥げてしまった。導線の洗浄が足りなかったのかもしれない。
・青銅のペンダントを金メッキしたら美しい金色になった。
・水銀は毒だと聞いていたので注意して扱ったが怖かった。

・パチンコ玉を金メッキしようとしてやってみたが、メッキできなかった。
・金アマルガムが柔らかすぎて金メッキにムラができた。水銀と金は四：一ぐらいが良いと思う。
・銅板をきれいにして金メッキしたらきれいに光る金の板になった。
・イヤリングにやってみたら、きれいな金のイヤリングになった。
・フラスコやガラス管に付いた水銀を取るのに少し振動を与えたらコロコロと丸い玉になって落ちた。
・学生服のボタンでやってみたら、きれいな金ボタンになった。

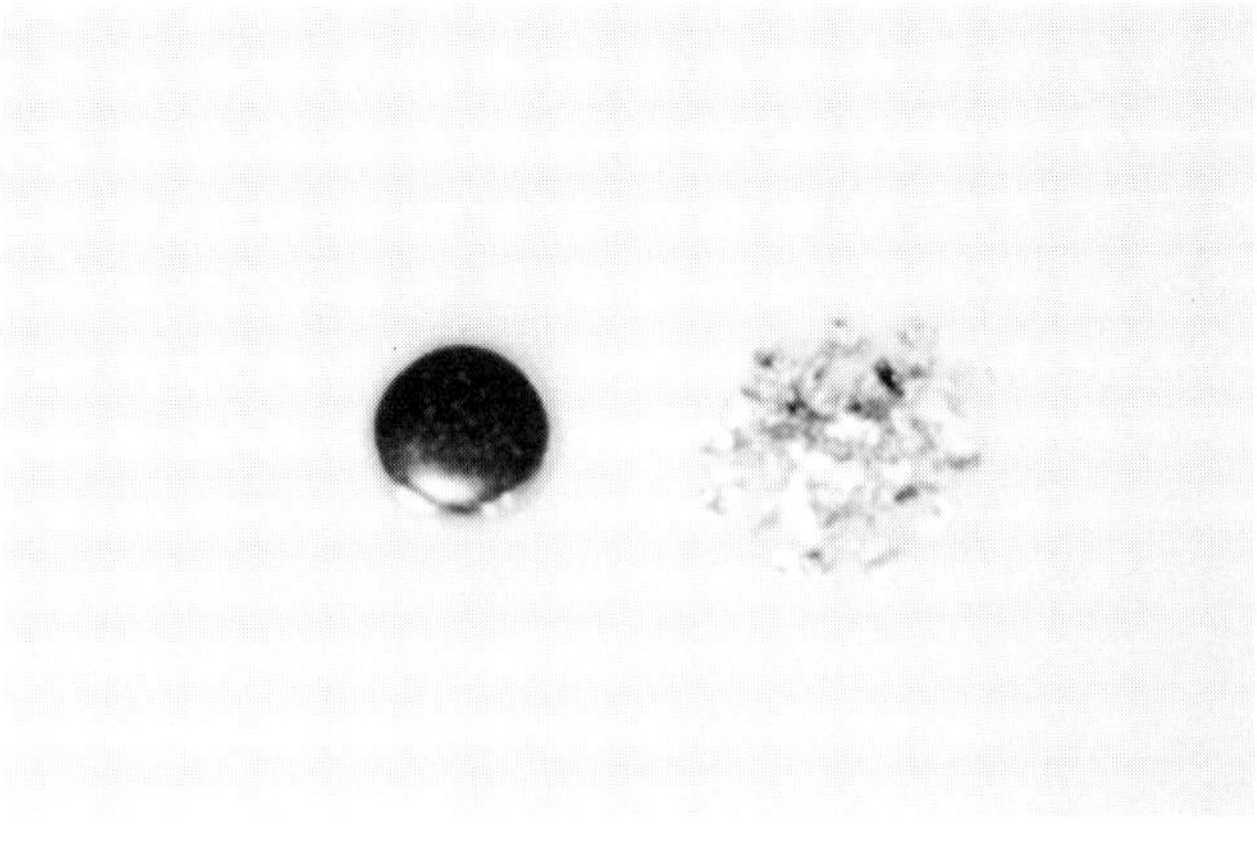

写真 92　水銀(左)と金箔(右)

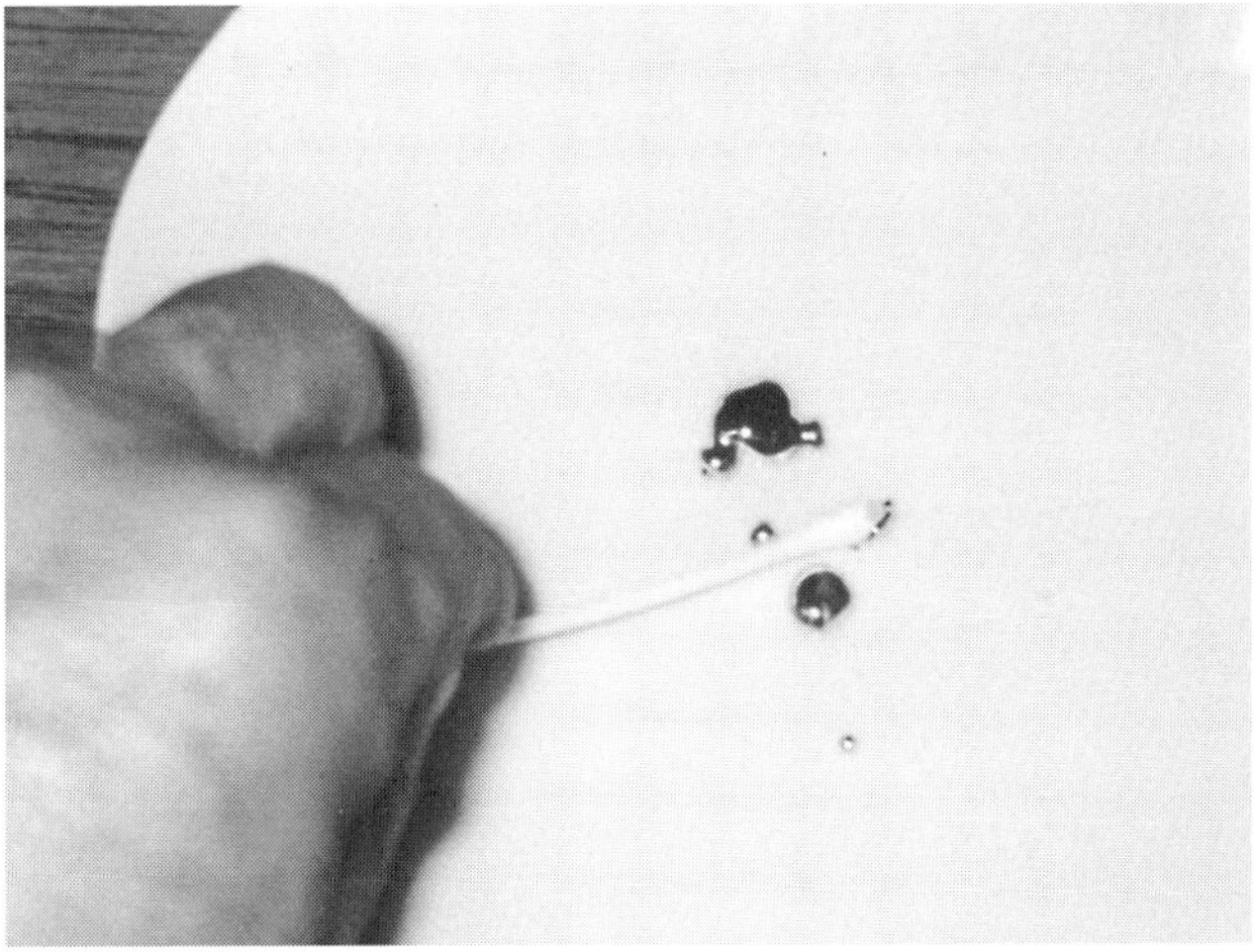

写真 93　皿の上で金アマルガムをつくる

写真 94　加熱してフラスコ内の水銀を蒸発させる

あとがき

古典落語に「目黒の秋刀魚（さんま）」というよく知られた噺《はなし》がある。狩りに出かけた殿様がお城に帰る途中、空腹に耐えかねていたところ、一軒の農家から立ち上る煙を見つけた。その香ばしい匂いにつられて食事を所望した。出されたのが焼きたての秋刀魚で、あまりのおいしさに感嘆し、さっそくお城に帰って同じ魚を出すように命じた。ところが城内では、秋刀魚などという庶民の魚は殿様に出したことがない。粗相があっては大変と、小骨を取り、煮て油を抜き、焦げはきれいに落とし、内臓もきれいに除いて毒味の後、冷たくなったものを差し出した。これを召し上がった殿様は、「どうも目黒の農家で食べた秋刀魚の味と違う」と失望し、「やっぱり秋刀魚は目黒に限る」と言ったというストーリーである。

これは当然である。たとえ魚市場で競り落とされた高級な秋刀魚でも、手を加えすぎ冷めてしまっては安くても焼きたての秋刀魚の味にはとてもかなわない。同じことが、我々の生活にもいえそうである。あまりにも丹念に小骨を抜き取り、油を搾り取り、焦げも取り去ってしまっては肝心の「味」はなくなってしまう。これでは、せっかくの有意義に過ごすべき日常生活も、城中の秋刀魚のように無味乾燥したものになってしまう。もちろん、城中の秋刀魚は殿様の健康を考えてのことであるが、これでは本当の豊かで楽しい生活とはほど遠く、何の魅力もない人生を送ってしまうことになる。

この「味」を取り戻し、食欲を増進させるのが多様性という体験であり、幅をもった一種の「無駄」であろう。無駄と思われるものが実は小骨であり、不必要と考えられがちな油であったりする。机上だけの空論が、すなわち殿様の口に入る秋刀魚である。豊かでゆとりある生活を送るのに必要なのは、これら不必要と思われている焦げや小骨や油を取り入れることにある。

ゆとりのある生活を送るには一応基準があって、バランス良く、たとえば厚生労働省の設定した一日に必要なカロリーや、栄養素を満たしたメニューなどもある。しかし、そのようなメニューの食事だけで、本当に豊かで健康的な楽しい生活を送れると考えている人は少ないであろう。このメニューには「目黒の秋刀魚」の味がなく、したがって食欲もそそられない。

この「味」を取り戻すのが一人ひとりの知恵であり、体験であり、実験である。そこには「小骨」もあり「内臓」もあり「焦げ」もあるが、それによって「目黒の秋刀魚」の味となり、真に豊かで楽しくゆとりある生活を送る知恵への食欲が出てくる。つまり、これまでどおり、一遍のメニューに足りないところを補うべく、これが熱意や実践となって効果を発揮する。

このようにしてつくられた多様性をもった新しいメニューには、食欲をそそられる。このような意識改革から、今日必要とする真に豊かで健康的かつゆとりある生活を送る知恵へのメニューが生まれるであろう。

本書は、以上のような趣旨で書いたものであり、豊かでゆとりのある生活を送るための多様性をもった知恵や体験を、実験を通して具体的に示したものである。これらの実験工房が通常の日常生活に変化を与え、豊かでゆとりある楽しい生活への手助けになることを祈っている。

二〇〇一年九月

著　者

著者紹介

酒井　弥（さかい みつる）

昭和11年　福井県に生まれる
昭和36年　大阪大学理学部大学院修士課程修了
昭和38年　大阪大学産業科学研究所勤務。理学博士
昭和41年　文部省在外研究員としてカリフォルニア大学留学
昭和45年　アルバータ大学主任研究員
昭和49年　アルバータ大学石油化学研究所講師
昭和51年　花筐酒造株式会社代表取締役
昭和52年　酒井理化学研究所主宰
（福井，金沢，東京，熊本，ロスアンゼルス，モスクワに研究所）

専　門：理論有機化学，合成化学，高分子など
主な著書：『おもしろい不思議いろいろ』（十三日会）
『やはり野に置け，れんげそう』（しんふくい出版）
『エコロジーおもしろ発明工房』（能登印刷出版）
『おもしろ発明工房，災害特集』（ヨシダ印刷）
『高カルシウム作物をつくるピロール農法』（農山漁村文化協会）
『食卓革命―高カルシウム作物のはなし』（晩聲社）
『ラン藻で環境がかわる―劇的.／農薬・ダイオキシン分解も』（技報堂出版）
『黒体の不思議―21世紀の新素材』（技報堂出版）
『暮らしのセレンディピティ―環境にやさしい裏ワザ』（技報堂出版）
『発ガン物質のはなし』（技報堂出版）

生活を楽しむ面白実験工房　定価はカバーに表示してあります

2001年11月15日　1版1刷発行　ISBN 4-7655-4427-3 C1370

著　者　酒　井　　弥
発行者　長　　祥　隆
発行所　技報堂出版株式会社
〒102-0075　東京都千代田区三番町 8-7
（第25興和ビル）
電　話　営業　(03)(5215) 3 1 6 5
編集　(03)(5215) 3 1 6 1
F A X　(03)(5215) 3 2 3 3
振 替 口 座　0 0 1 4 0-4-1 0

日本書籍出版協会会員
自然科学書協会会員
工 学 書 協 会 会 員
土木・建築書協会会員

Printed in Japan

装幀 海保　透　印刷 東京印刷センター　製本 鈴木製本